初学者也能制作的可爱饰品！

饰品手工制作事典
精致套装饰品153例

[日] 叮当创意 编著

刘丹 李小倩 译

U0377275

人民邮电出版社

北 京

CONTENTS 目录

第1章

Simple & Casual
简约轻便风

01、02

反向项链&
珍珠穿孔耳环…18

03、04

金属米珠和珍珠耳环&
双层金属米珠和珍珠手链…19

05、06
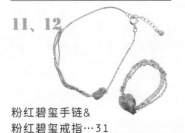
绸带×棉花珍珠耳坠&
绸带×棉花珍珠帽针…24

07、08

环状戒指&
环状项链…25

09、10

成串的珍珠耳环&
成串的珍珠项链…30

11、12
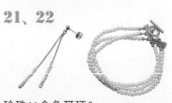
粉红碧玺手链&
粉红碧玺戒指…31

13、14

字母饰品手链&
字母饰品流苏耳环…36

15、16
三角框金属耳环&
三角框金属手链…37

17、18
水晶耳环&
水晶项链…42

19、20
羽毛耳环&
羽毛别针…43

21、22
珍珠×金色耳环&
珍珠×金色三层手链…48

23、24

丝状珍珠耳环&
丝状珍珠发圈…49

Simple & Casual

第 2 章

Cute & Romantic
时髦浪漫风

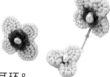

第3章

Elegant & Gorgeous
优雅华丽风

第4章

Ethnic
民族风

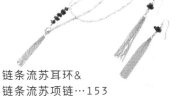

第5章

Marine

海洋风

尝试制作套装首饰

套装首饰的

魅力所在

形成统一的风格

若佩戴成套的首饰，自然就会形成
统一的风格。根据首饰搭配服装，
会给人眼前一亮的感觉。

可单独佩戴

虽然套装首饰是成套的，但可单独
佩戴其中的一件。可根据心情和场
合，自由地选择。

本书主要介绍制作成套的耳环、项链、戒指和手链等首饰。
让我们一起看看套装首饰的选材诀窍吧！

套装首饰的
选材诀窍

确定主体素材

首先确定主体素材（主角），然后使其他配饰的大小和颜色与主体素材相协调，这样就不会显得杂乱无章，会让人觉得很清爽。

2~3种颜色
为宜！

主角是大颗的
珍珠！

控制颜色的数量

若将首饰的颜色控制在2~3种，就会产生统一感，使整体协调。若想要使色彩缤纷，则不用在意颜色的数量；但若颜色的色调（浓度）一致，看上去会更加漂亮。

注意整体的
平衡感

添加素材时要注意整体的平衡感。建议事先摆放好素材并进行调整。

准备基本工具

接下来为大家介绍制作套装首饰的基本工具。
熟练运用这些基本工具，就能制作出套装首饰了。

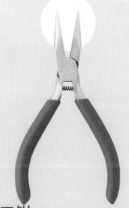

平口钳

`用于压扁定位珠`　`开合圆环`

尖端扁平。用于压扁定位珠和闭合
包扣，或与圆口钳配套用于开合圆
环等。

压扁定位珠

闭合包扣

圆口钳

`用于弯曲别针`　`开合圆环`

尖端为圆形。用于将T形针等的前
端弄圆，或与平口钳配套用于开合
圆环等。

弯曲别针前端

钳子

`用于剪切`

用于剪断钢丝、链条、别针、爪托
等金属零件和渔线。

剪断别针

剪断爪托

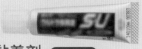

黏着剂　`用于黏固`

用于黏固零件。若是多用途黏着
剂，则可用于所有材料。有的黏着
剂适用于黏固布或纸，有的黏着剂
黏力强。准备较多种类的黏着剂，
会更加方便。

锥子　`用于开孔`　`扩孔`

用于在零件上开孔，或扩
大链圈。

扩大链圈

剪刀、刀具　`用于剪裁`

用于裁布、纸或线。

镊子　`用于夹取物件`

用于放置串珠等用手指难以操作的
作业。

牙签　`用于涂抹`

首饰的大部分配件都很小巧，所以
涂抹黏着剂时可利用牙
签。这样不仅容易调整黏
着剂的量，而且能使成品
更加精美。

涂黏着剂

除此之外，根据制作的首饰，
还可能涉及针、线等工具。每
个作品旁都列有所需的工具，
制作时可供参考。

Material

准备所需的材料和素材

接下来为大家介绍制作套装首饰所需的材料和素材。

要制作的首饰不同，所需的材料也会有所不同，请根据需要进行准备。

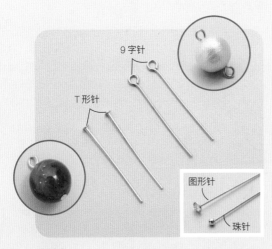

别针

穿入米珠后，用圆口钳将其前端弯曲。T形针和9字针比较常用。

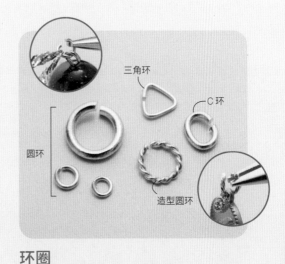

环圈

用于连接配件。体积较小，常用于制作精巧的饰品。比起圆环，C环更不容易脱落和损坏。

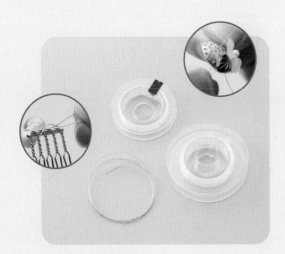

渔线、金属线

用于连接各配件。渔线呈透明状，不太显眼；金属线适合用于做造型。

链条

用于制作项链和手链。可直接运用。

9

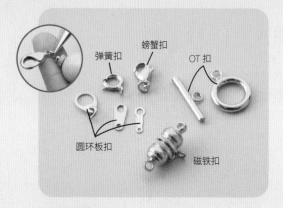

弹簧扣　螃蟹扣
OT扣
圆环板扣
磁铁扣

别扣配件

用于连接项链、手链的链端。使用磁铁扣，穿脱首饰十分方便。

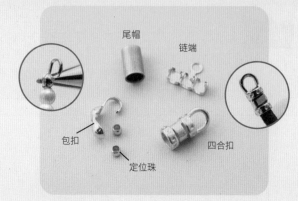

尾帽
链端
包扣
定位珠
四合扣

端头配件

用来处理渔线、金属线、爪托和绸带等的端头。

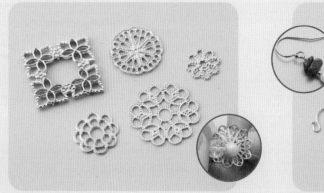

镂空配件

可作为配饰的底托。

耳环配件

用于制作耳饰。款式多样，可根据作品和个人喜好进行选择。

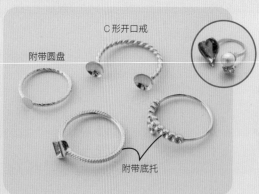

C形开口戒
附带圆盘
附带底托

戒托

用于制作戒指。戒指有许多种类，有C形开口戒，也有正好卡在关节处的指骨戒，还有戴在小拇指上的尾戒等。

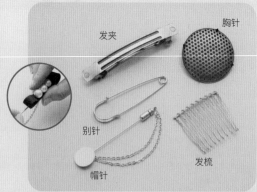

发夹
胸针
别针
帽针
发梳

其他金属配件

用于制作发饰的发夹等金属配件。

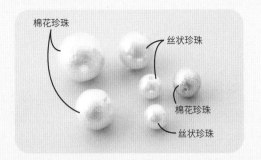

珍珠

有用棉花压缩、加工而成的棉花珍珠，也有闪亮的丝状珍珠。颜色很丰富。

宝石

由于宝石无法开孔，需将其镶嵌在底托上。

原始素材

有羽毛、毛球等种类。尤其是毛球，能呈现出秋冬的季节感。

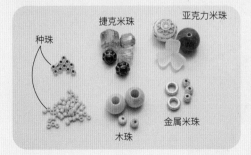

米珠

开了孔的小珠子。种类丰富，经常作为首饰的主要素材。

半贵石

天然石和人工石的总称。有的为长方形，有的为圆形。选用尺寸和形状相似的半贵石，可制成精美的首饰。

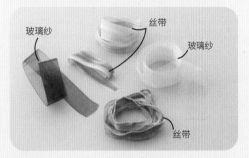

绸带

有玻璃纱和丝带等材质。巧妙利用精美的绸带，能制成首饰。

小饰物

有很多形状；有的有环圈，有的有小孔。

※ 本书中使用施华洛世奇水晶的地方均标明了型号（#0000）。请镶嵌在对应型号的底托上。

※ 本书列有制作首饰时所使用的对应材料，在购买时可供参考。

基本技巧

接下来介绍制作首饰过程中常使用的基本技巧。
也许你一开始会觉得很难，但一定要坚持练习。
随着练习次数的增加，自然就会熟练运用这些技巧。

制作配件

用于此处！

弯曲 T 形针　将 T 形针穿入珍珠，并弯曲前端，就制成了一个配件。

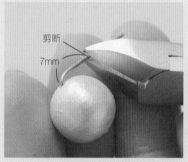

剪断
7mm

1 将 T 形针穿入珍珠，用手指按压 T 形针根部进行弯折，留出 7mm 左右，并用钳子剪掉多余的部分。

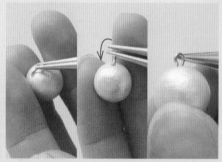

2 用圆口钳夹住 T 形针的前端，将其弯曲至闭合。

3 配件制作完成。用圆环等进行连接。

用于此处！

弯曲 9 字针　使用 9 字针可在两侧连接配件。

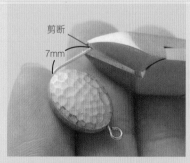

剪断
7mm

1 将 9 字针穿入米珠，用手指按压 9 字针根部并进行弯折，留出 7mm 左右，并用钳子剪掉多余的部分。

9 字针的圆环

2 用圆口钳夹住 9 字针的前端，将其弯曲。弯曲方向与 9 字针本身的圆环弯曲方向相反。

反向

本身的圆环

3 配件制作完成，用圆环等进行连接。

制作眼镜扣 将金属线缠绕在配件的根部。

用于此处！

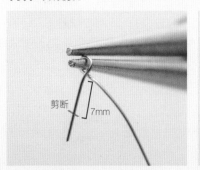

剪断

7mm

1 用圆口钳弯曲金属线，留出 7mm 左右，并用钳子剪掉多余的部分。

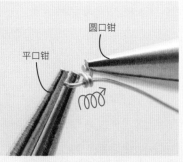

圆口钳

平口钳

2 再用平口钳夹住步骤 1 制成的圆环，并用圆口钳使留出的金属线在圆环的根部缠绕 2~3 圈。

3 配件制作完成。穿入珍珠等。

连接

开合圆环 连接配件时，常使用圆环和 C 环等环圈。

用于此处！

1 用圆口钳和平口钳固定圆环。

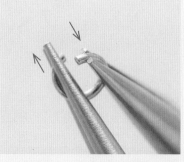

2 分别向上、下两个方向使劲，打开圆环。注意若向左右使劲是很难打开圆环的。

一边制作眼镜扣一边连接链条 将金属线穿入串珠制作零部件的同时，连接链条。

用于此处！

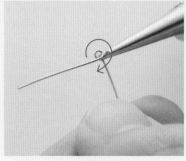

1 和上述"制作眼镜扣"的步骤1一样，用圆口钳弯曲金属线。

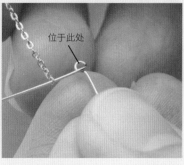

位于此处

2 将金属线穿过链条孔，再将链条移至圆环位置。

3 根据"制作眼镜扣"的要点，在圆环的根部缠绕金属线。

黏着

用于此处！

使用黏着剂 在小配饰上涂抹黏着剂时，可使用牙签蘸取合适的剂量。

1 用牙签蘸取适量黏着剂，在配饰的内侧薄薄地涂一层。

2 放置珍珠，待其干燥。

若需要涂抹的面积较大，可直接涂抹在配饰上。

使用 UV 树脂 UV 树脂凝固的速度很快。
因此，在制作时可用 UV 树脂代替黏着剂。

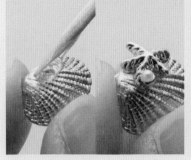

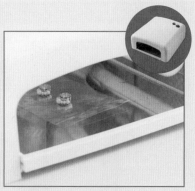

1 在想要粘贴配饰的地方涂抹 UV 树脂，然后放置配饰。

2 用 UV 灯照射，使 UV 树脂凝固。

一般情况下，照射的时长为 2~10 分钟。UV 灯的功率和树脂的厚度不同，照射时长也会有所不同，可视情况调整。

编固

用于此处！

使用花洒金属配件 可用渔线将配饰固定在像花洒一样的金属配件上。

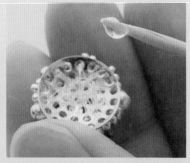

1 每固定一个配饰就要用渔线在花洒金属配件的背面牢牢系一个结。

2 在系结的位置涂抹一层黏着剂，可防止渔线脱散。

3 可用钳子盖上金属配件的盖子。操作时，可在手指和金属配件之间夹一层布或纸巾，以防受伤。

穿入

用于此处！

处理渔线端头　通过使用包扣和定位珠处理渔线的端头。

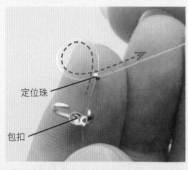

定位珠

包扣

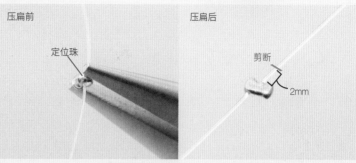

压扁前

定位珠

压扁后

剪断

2mm

1 将渔线穿入包扣和定位珠。然后将渔线再次穿入定位珠，形成一个圈，再拉紧渔线。

2 用平口钳将定位珠压扁进行固定。留 2mm 左右，剪断多余的部分。

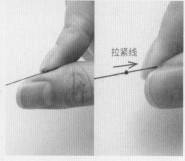

3 用包扣包裹定位珠，并用平口钳将其闭合。

4 用平口钳将包扣的卡钩向下弯曲，使其闭合。这样一来，渔线端头就处理完成了。

缝合

用于此处！

线头打结　在缝合前，为了防止线松散脱落，需系一个结。

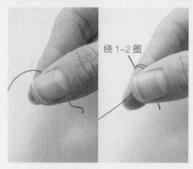

绕 1~2 圈

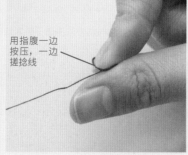

用指腹一边按压，一边搓捻线

拉紧线

1 用食指和拇指捏住线的末端，并将线在食指上缠绕 1~2 圈。

2 前后来回摩擦拇指和食指，以搓捻线。

3 搓捻完直接将食指抽出，再拉紧线。

基本技巧

15

线尾打结 缝合完之后为了防止线松散脱落，需要收尾打结。

用于此处！

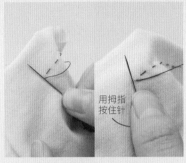

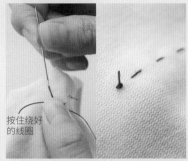

1 缝好最后一针后，在距离针脚 1mm 左右的位置用拇指按住针。

用拇指按住针

2 右手拿线，在针上缠绕 3 圈左右。

3 用左手拇指按住绕好的线圈，然后直接将针抽出，用力拉紧线。最后用剪刀剪断多余的线。

按住绕好的线圈

放上配饰后，线头就会被遮住，因此不用特意掩饰。

其他技巧

在底托上固定宝石 由于宝石没有孔，因此，要将其镶嵌在对应的底托上。

用于此处！

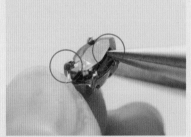

1 准备一颗宝石与一个底托。

2 用平口钳按压底托的其中一个爪托，然后按压对角位置的爪托。

3 按压其余的爪托。

扩大链圈 链条的链圈通常比较小，圆环很难穿入，此时就必须用锥子扩大链圈。

用于此处！

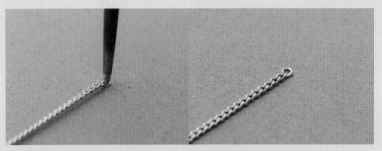

将链条放在切割垫板上，再用锥子扩大链条末端的链圈。

第1章

Simple & Casual

简约轻便风

小巧的配饰和奢华的外形充满了无限的魅力，

如此简约轻便的首饰，

适合在不同场合佩戴。

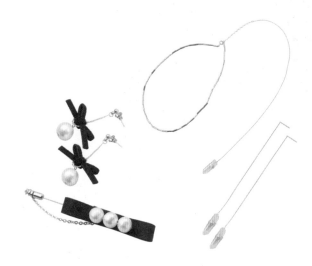

项链 | 耳环
01 | 02

01 穿入 → 连接　02 黏固

反向项链 &
珍珠穿孔耳环

▶制作方法详见 P20、21

正反面的设计特别可爱

反向项链

可使用相同的配饰 ⋯⟩ 详见 P21、84、131

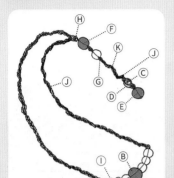

所需材料

Ⓐ 棉花珍珠（10mm，双孔，浅茶色）⋯7 个
Ⓑ 亚克力米珠（12mm，蓝色）⋯3 个
Ⓒ 施华洛世奇水晶（#1028，水晶）⋯1 个
Ⓓ 底托（#1028 专用）⋯1 个
Ⓔ T 形针（0.6mm×30mm，金色）⋯1 根
Ⓕ 9 字针（0.6mm×30mm，金色）⋯2 根
Ⓖ 圆环 a（0.6mm×3mm）⋯2 个
Ⓗ 圆环 b（0.6mm×3mm）⋯1 个
Ⓘ 金属线（#20）⋯15cm

Ⓙ 链条 a（金色）⋯44cm，2 条
Ⓚ 链条 b（金色）⋯8.5cm

所需工具

• 平口钳
• 圆口钳
• 钳子
• 黏着剂
• 牙签

穿入米珠和珍珠

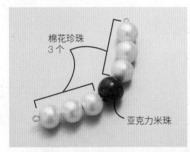

棉花珍珠
3 个

亚克力米珠

1 用圆口钳弯曲金属线的一端（参考 P12），再依次用金属线穿入 3 个棉花珍珠、1 个亚克力米珠和 3 个棉花珍珠。然后用钳子剪断多余的金属线，并用圆口钳弯曲金属线的另一端。

链条 a

链条 a

2 打开步骤 1 的金属线端头的圆环，并分别连接链条 a 的两端，再用力闭合圆环。

制作配饰

9 字针

T 形针

3 将 2 根 9 字针分别穿入亚克力米珠和棉花珍珠，再弯曲两端。然后将 T 形针穿入亚克力米珠，并弯曲一端。

连接配饰

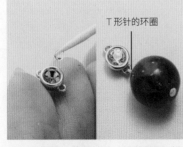

T 形针的环圈

4 在底托上薄薄地涂一层黏着剂（参考 P14），再镶嵌施华洛世奇水晶并将其黏固。打开步骤 3 的 T 形针的环圈，将其连接底托，再用力闭合。

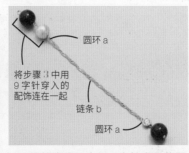

圆环 a

将步骤 3 中用 9 字针穿入的配饰连在一起

链条 b

圆环 a

5 连接步骤 3 中用 9 字针穿入的配饰。然后分别用圆环 a 连接链条 b 的两端。

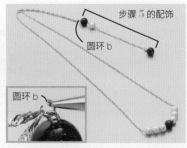

步骤 5 的配饰

圆环 b

圆环 b

6 用平口钳打开圆环 b，将圆环 b 穿入步骤 2 的链条 a 的两端。反向项链制作完成。

02 只需掌握黏着技巧即可制作完成的耳环，制作过程十分简单。露出的棉花珍珠为点睛之笔。

珍珠穿孔耳环

可使用相同的配饰 ---→ 详见 **P20**

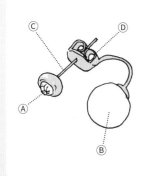

所需材料

Ⓐ 施华洛世奇水晶（#1028，水晶）…2 个
Ⓑ 棉花珍珠（10mm，单孔，浅茶色）…2 个
Ⓒ 带底托的后挂式穿孔耳环
  （10mm，单孔，浅茶色）…2 个
Ⓓ 穿孔耳环（带立芯，金色）…2 个

所需工具

• 黏着剂
• 牙签
• 镊子

制作方法

黏固配饰

1 在带底托的后挂式穿孔耳环的底托上薄薄地涂一层黏着剂（参考 P14）。

2 用镊子将施华洛世奇水晶镶嵌在底托上，并将其黏固。

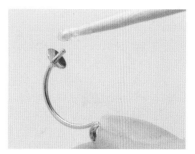

3 在穿孔耳环的立芯上薄薄地涂一层黏着剂。

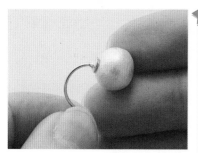

4 在立芯上穿入棉花珍珠并将其黏固。按照同样的方法制作另一只耳环。

进行改造

棉花珍珠手链

【所需材料】

• 棉花珍珠（10mm，双孔，浅茶色）…1 个
• 亚克力米珠（12mm，蓝色）…1 个
• 施华洛世奇水晶（#1028，水晶）…1 个
• 底托（#1028专用）…1 个
• 链条（金色）…6cm，2 条
• 9 字针（0.7mm×40mm，金色）…1 根
• 圆环（0.6mm×3mm）…2 个
• 弹簧扣（6mm，金色）…1 个
• 延长链（金色）…6cm

【制作方法】

① 将 9 字针穿入棉花珍珠和亚克力米珠，再弯曲一端。

② 打开步骤①的 9 字针两端的环圈，并分别与链条一端相连。

③ 在底托上涂一层黏着剂，将施华洛世奇水晶粘在底托上，并将其连在延长链上。

④ 在 2 条链条的另一端分别用圆环连接弹簧扣和延长链。

03 三角形的造型具有十足的吸睛效果。
金属米珠和珍珠耳环

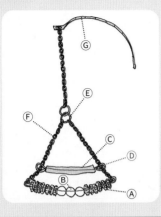

可使用相同的配饰 ⋯→ 详见 P23

所需材料

Ⓐ 金属米珠（1mm，金色）⋯24 个
Ⓑ 丝状珍珠（3mm，白色）⋯6 个
Ⓒ 造型弯管（1.3cm×20cm，哑光金色）⋯2 根
Ⓓ 9 字针（0.5mm×30mm，金色）⋯4 根
Ⓔ C 环（0.45mm×2.5mm×3.5mm，金色）⋯2 个
Ⓕ 链条（金色）⋯3cm，4 条
Ⓖ 美式耳环配件（46mm，金色）⋯1 对

所需工具

• 平口钳
• 圆口钳

制作方法

穿入米珠、珍珠和造型弯管

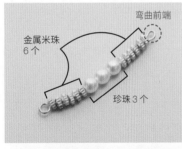

弯曲前端

金属米珠 6 个

珍珠 3 个

1 将 9 字针依次穿入 6 个金属米珠、3 个丝状珍珠和 6 个金属米珠，再用圆口钳弯曲前端（参照 P12）。

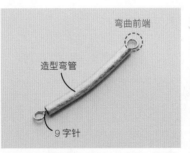

弯曲前端

造型弯管

9 字针

2 将 9 字针穿入造型弯管，并弯曲前端。

连接配饰

3 打开步骤 **1** 的 9 字针两端的环圈，分别连接 2 条链条的一端，再闭合环圈。

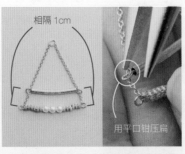

C 环

相隔 1cm

用平口钳压扁

4 用 C 环分别连接步骤 **3** 的链条的一端，形成一个三角形。

5 打开步骤 **2** 的 9 字针两端的环圈，将造型弯管配饰固定在步骤 **4** 的链条配饰的上方 1cm 处，再将环圈闭合。为了避免造型弯管配饰脱落，需用平口钳将 9 字针两端的环圈压扁。

安装金属配件

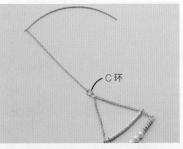

C 环

6 打开步骤 **4** 的 C 环，并与美式耳环配件相连。按照同样的方法制作另一只耳环。

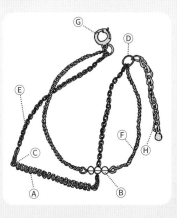

04 双层手链十分精致，适用于不同场合。

双层金属米珠和珍珠手链

可使用相同的配饰 ⋯⋗ 详见 **P22**

所需材料

Ⓐ 金属米珠（1mm，金色）⋯18 个
Ⓑ 丝状珍珠（3mm，白色）⋯3 个
Ⓒ 9 字针（0.5mm×30mm，金色）⋯2 根
Ⓓ C 环（0.45mm×2.5mm×3.5mm，金色）⋯2 个
Ⓔ 链条 a（金色）⋯6cm，2 条
Ⓕ 链条 b（金色）⋯5.5cm，2 条
Ⓖ 弹簧扣（6mm，金色）⋯1 个
Ⓗ 延长链（金色）⋯30mm

所需工具

• 平口钳
• 圆口钳

制作方法

制作配饰

1 将 9 字针穿入 18 个金属米珠，并用圆口钳弄弯前端（参照 P12）。

2 用 9 字针穿入 3 个丝状珍珠，并弄弯前端。

连接配饰

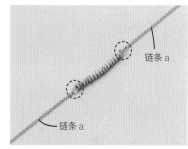

链条 a

链条 a

3 用平口钳和圆口钳打开步骤 1 的 9 字针两端的环圈，分别连接 2 条链条 a 的一端，再闭合环圈。

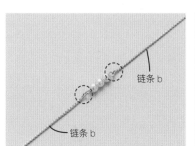

链条 b

链条 b

4 打开步骤 2 的 9 字针两端的环圈，分别连接 2 条链条 b 的一端。

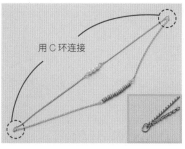

用 C 环连接

5 分别用 C 环连接步骤 3 和 4 的链条的另一端。

安装金属配件

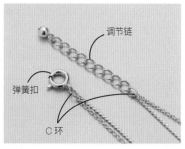

调节链

弹簧扣

C 环

6 用步骤 5 的 C 环分别连接弹簧扣和延长链。

05 连接 06 缝合 → 黏固

绸带 × 棉花珍珠耳坠 &
绸带 × 棉花珍珠帽针

▶制作方法详见 P26、27

07 黏固　08 连接

环状戒指 & 环状项链

▶制作方法详见 P28、29

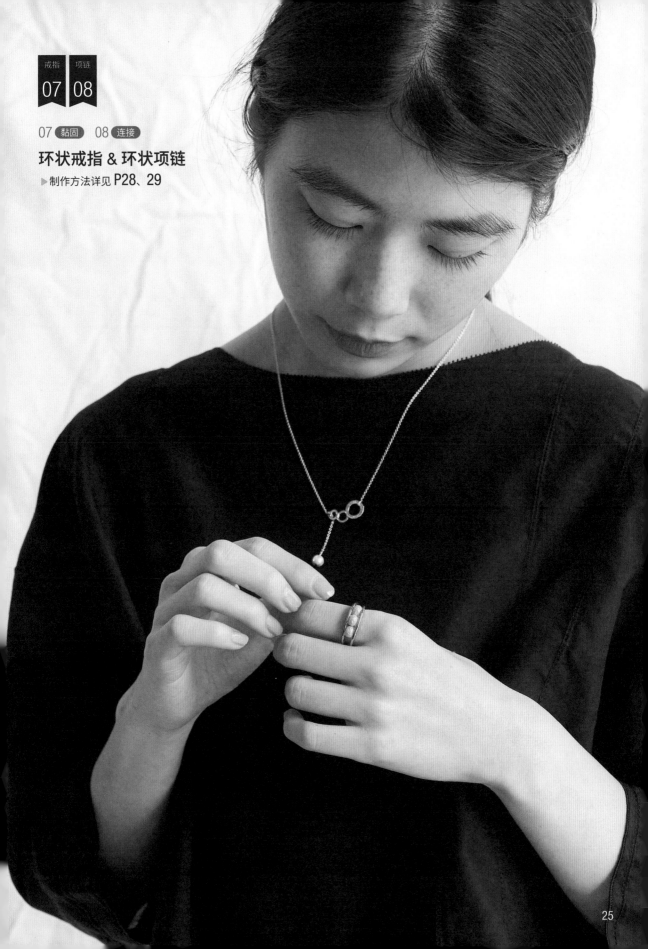

05

由丝绸与珍珠组合而成的耳环。款式简单大方，尽显成熟魅力。

绸带 × 棉花珍珠耳坠

可使用相同的配饰 ⟶ 详见 P27

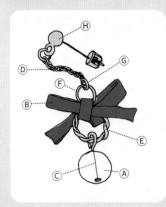

所需材料

Ⓐ 棉花珍珠（10mm，双孔，白色）…2 个
Ⓑ 绸带（宽 2mm，黑色）…10cm，2 根
Ⓒ T 形针（0.6mm×35mm，金色）…2 根
Ⓓ 链条（链宽 0.35mm，金色）…1.5cm，2 条
Ⓔ 造型圆环（麻花，8mm，金色）…2 个
Ⓕ 圆环 a（0.8mm×4mm）…4 个
Ⓖ 圆环 b（0.6mm×3mm）…2 个
Ⓗ 耳环配件（3mm，带环，金色）…1 对

所需工具

• 平口钳
• 圆口钳
• 剪刀
• 锥子
• 黏着剂

制作方法

制作配饰

1 将 T 形针穿入棉花珍珠，并用圆口钳弄弯前端（参照 P12）。

给绸带打结

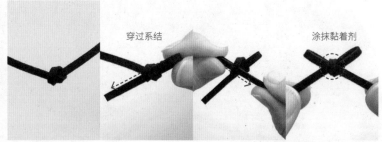

穿过系结　涂抹黏着剂

2 在绸带上系一个结，并将右侧绸带向上翻折，再将一端从结的中间穿过，左侧绸带也进行同样的操作，然后用力拉紧。最后剪掉多余的部分，调整形状。若担心结松散，可在打结处涂上黏着剂使之牢固。

连接配饰

造型圆环

3 打开造型圆环（参照 P13），在步骤 **2** 的绸带结的下方穿入该圆环，连接步骤 **1** 的棉花珍珠，再闭合圆环。

安装金属配件

圆环 a

4 在步骤 **2** 的绸带结的上方穿入圆环 a，再闭合圆环。

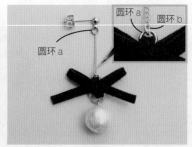

圆环 a　　圆环 b

圆环 a

5 用锥子扩大链条两端的链圈（参照 P16），穿入圆环 b，再连接步骤 **4** 的圆环 a。然后用另一圆环 a 连接链条的另一端和耳环配件。按照同样的方法制作另一只耳坠。

06 佩戴帽针，即使是普通的帽子，也能让人眼前一亮。并排的珍珠能提升质感。

绸带 × 棉花珍珠帽针

可使用相同的配饰 ⋯⟶ 详见 P26

┌─ 所需材料 ─┐

Ⓐ 绸带（宽 15mm，黑色）⋯15cm

Ⓑ 棉花珍珠（10mm，双孔，白色）⋯3 个

Ⓒ 帽针配件（全长 62mm，带圆形托片和链条，金色）⋯1 个

┌─ 所需工具 ─┐

• 黏着剂

• 针

• 线（黑色）

制作方法 🐰

制作配饰

黏着面

1 在绸带上涂抹长 5mm 左右的黏着剂，并将绸带绕成一个圈。

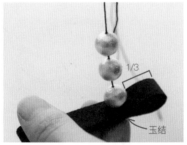

1/3

玉结

2 用针穿线，并系一个玉结（参照 P15），然后将步骤 1 的绸带重合，再将针从距离一端 1/3 处的绸带背面穿出，接着穿入 3 个棉花珍珠。

收尾结

玉结

在第 3 个珍珠下方的绸带背面打一个收尾结

3 将步骤 2 的棉花珍珠排成一排，并在绸带背面收尾打结（参照 P16）。

黏固金属配件

4 在帽针配件的圆形托片上涂满黏着剂，再将步骤 3 的绸带配饰的中部黏固在圆形托片上。

> 进行改造

绸带 × 棉花珍珠发卡

【所需材料】

• 绸带（宽 15mm，黑色）⋯15cm，1 根；20cm，1 根

• 棉花珍珠（10mm，双孔，白色）⋯3 个

• 发卡配件（金色）⋯1 个

【制作方法】

① 将 2 根绸带分别绕成一个圈，并用黏着剂进行固定。

② 将步骤①中稍长一些的绸带放在下方，稍短一些的绸带放在上方，并将两根绸带重合在一起，再在绸带上缝 3 个棉花珍珠。

③ 在发卡配件上涂一层黏着剂，与步骤②制成的配饰粘在一起。

Simple & Casual

07 只需用配饰夹住珍珠即可。虽然款式简单，但非常时髦。

环状戒指

可使用相同的配饰 ⋯⟩ 详见 P27

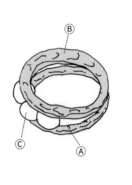

所需材料

Ⓐ 金属耳饰配饰 a（22mm，金色）⋯1 个
Ⓑ 金属耳饰配饰 b（18mm，金色）⋯1 个
Ⓒ 玻璃米珠（5mm，白色）⋯3 个

所需工具

• 镊子
• 黏着剂
• 牙签

制作方法

连接配饰

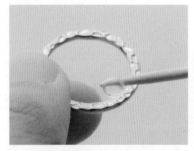

1 在金属耳饰配饰 a 上欲放置 3 个玻璃米珠的地方薄薄地涂一层黏着剂（参照 P14）。

2 用镊子将 3 个玻璃米珠摆放在步骤 1 中涂抹了黏着剂的地方。

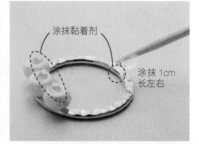

涂抹黏着剂
涂抹 1cm 长左右

3 待黏着剂干燥后，在玻璃米珠的上方和金属耳饰配饰 a 上薄薄地涂长约 1cm 的黏着剂。

4 在步骤 3 制成的配饰上方叠放金属耳饰配饰 b，耐心等待黏着剂干燥。

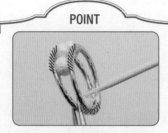

POINT

为了使之更加牢固，防止配饰脱离，在制作完成后，可在金属耳饰配饰的接合处再涂一层黏着剂。

进行改造

将玻璃米珠换成珍珠（3mm，白色，1 个）。

08

此项链使用了环圈设计，个性十足。在链条末端的珍珠是一大亮点。

环状项链

可使用相同的配饰 ➝ 详见 P46、47、69、88、108、109、122

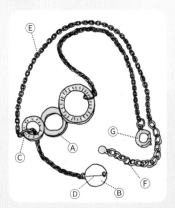

所需材料

- Ⓐ 连接环（11mm×21mm×25mm，金色）…1 个
- Ⓑ 棉花珍珠（6mm，双孔，白色）…1 个
- Ⓒ C 环（0.45mm×2.5mm×3.5mm，金色）…4 个
- Ⓓ T 形针（0.5mm×30mm，金色）…1 根
- Ⓔ 链条（金色）…21cm，2 条
- Ⓕ 延长链（金色）…60mm
- Ⓖ 弹簧扣（6mm，金色）…1 个

所需工具

- 平口钳
- 圆口钳
- 黏着剂
- 牙签

制作方法

制作配饰

1 将 T 形针穿入棉花珍珠，并用圆口钳弯曲前端（参照 P12）。

连接链条

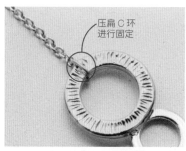

2 用 C 环连接链条与连接环中最大的一个圈。为了防止滑动，需用平口钳将 C 环压扁，进行固定。

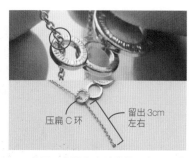

3 将另一条链条穿过连接环中最小的一个圈，前端留出 3cm 左右。与步骤 2 一样，用 C 环进行连接，并用平口钳将 C 环压扁。

4 用牙签在步骤 2 和 3 的 C 环处薄薄地涂一层黏着剂（参照 P14）。

5 待黏着剂干燥后，先用圆口钳将步骤 1 的 T 形针环圈打开，再将其连接在步骤 3 中留出的链条末端，最后闭合环圈。

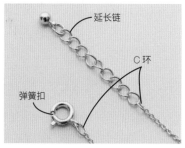

6 用 C 环将 2 条链条的两端分别与弹簧扣和延长链相连。

Simple & Casual

29

耳环　项链
09 10

连接

成串的珍珠耳环 & 成串的珍珠项链

▶制作方法详见 P32、33

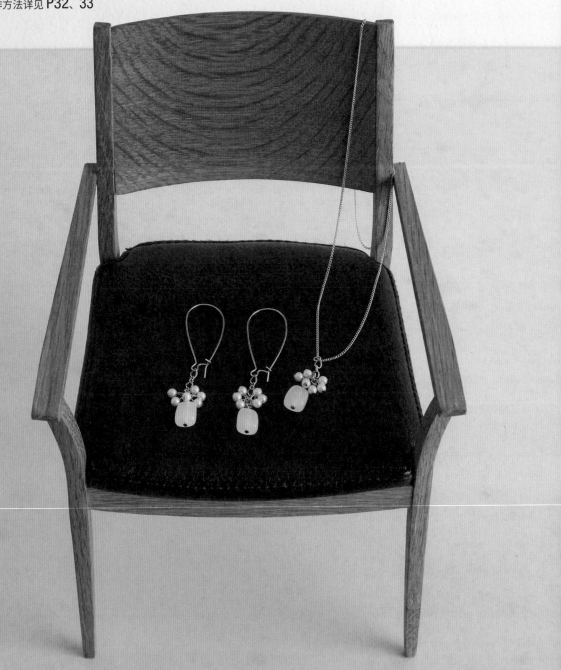

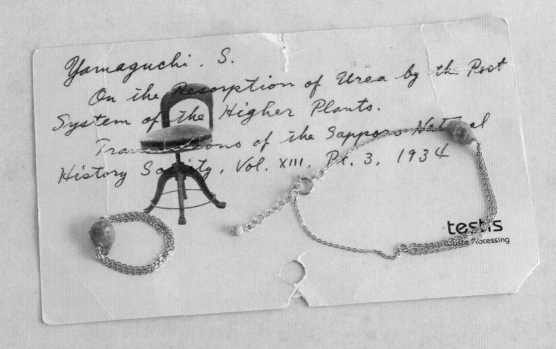

09

串起丝状珍珠，显得十分可爱。仅需连接即可完成制作。

成串的珍珠耳环

可使用相同的配饰 ⟶ 详见 P33、50、154、155

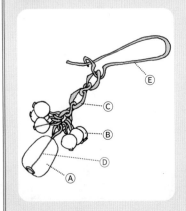

所需材料

Ⓐ 亚克力米珠（10mm，白色）…2 个
Ⓑ 丝状珍珠（2mm，白色）…12 个
Ⓒ 链条（链宽 0.45mm，金色）…10mm，2 条
Ⓓ T形针（0.5mm×20mm，金色）…14 根
Ⓔ 耳环配件（附钩状扣，20mm，金色）…1 对

所需工具

• 平口钳
• 圆口钳

制作方法

制作配饰

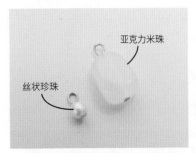

亚克力米珠

丝状珍珠

1 将 T 形针穿入 1 个亚克力米珠，并用圆口钳弄弯前端；将 T 形针依次穿入 6 个丝状珍珠，并弄弯前端（参照 P12）。

连接配饰

T形针环圈

2 用平口钳和圆口钳打开步骤 **1** 的亚克力米珠的 T 形针的环圈，并连接链条的前端，再将环圈闭合。

均连接在链条前端

3 打开步骤 **1** 的丝状珍珠的 T 形针的环圈，并与步骤 **2** 的链条前端相连，再将环圈闭合。

安装金属配件

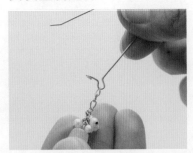

4 将步骤 **3** 制成的配饰穿入耳环配件的钩状扣。

进行改造

将材料 A 换成另一种亚克力米珠（10mm，珊瑚粉）。

10

用珍珠点缀项链，效果更好。可将材料 A 替换成其他颜色的亚克力米珠。

成串的珍珠项链

可使用相同的配饰 ---> 详见 P32、50、154、155

所需材料

- Ⓐ 亚克力米珠（10mm，白色）…1 个
- Ⓑ 丝状珍珠（2mm，白色）…6 个
- Ⓒ T 形针（0.5mm×20mm，金色）…7 根
- Ⓓ 圆环（0.6mm×3mm，金色）…2 个
- Ⓔ 链条 a（链宽 0.45mm，金色）…10mm
- Ⓕ 链条 b（链宽 0.35mm，金色）…40mm
- Ⓖ 弹簧扣（5.5mm，金色）…1 个
- Ⓗ 圆环板扣（3mm×8mm，金色）…1 个

所需工具

- 平口钳
- 圆口钳

制作方法

Simple & Casual

制作配饰

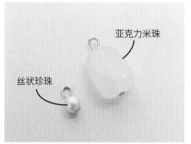

亚克力米珠

丝状珍珠

1 将 T 形针穿入 1 个亚克力米珠，并用圆口钳弄弯前端；再将 T 形针依次穿入 6 个丝状珍珠，并弄弯前端（参照 P12）。

连接配饰

T 形针环圈

2 用平口钳和圆口钳打开步骤 1 的亚克力米珠的 T 形针的环圈，并连接链条 a 的前端，再将环圈闭合。

均连接在链条前端

3 打开步骤 1 的丝状珍珠的 T 形针的环圈，并连接步骤 2 的链条 a 的前端，然后再将环圈闭合。

安装金属配件

另一端的链圈

4 将链条 b 穿入步骤 3 中链条 a 的另一端链圈中。

圆环

5 用圆环将弹簧扣与圆环板扣分别与链条 b 一端相连。

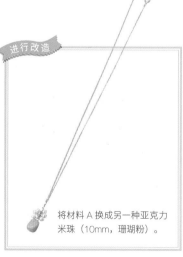

进行改造

将材料 A 换成另一种亚克力米珠（10mm，珊瑚粉）。

11

用粉红碧玺点缀手链，使手链极具奢华感。

粉红碧玺手链

可使用相同的配饰 ---> 详见 P35

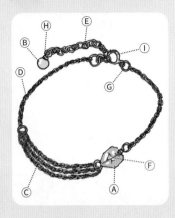

所需材料

Ⓐ 粉红碧玺（5mm×8mm，粉色）…1 个

Ⓑ 米珠（3mm，珠光闪，镀金）…1 个

Ⓒ 链条 a（镀金）…5cm，3 条

Ⓓ 链条 b（镀金）…4cm，2 条

Ⓔ 链条 c（镀金）…2cm

Ⓕ 金属线（0.41mm，镀金）…5cm

Ⓖ 圆环（0.5mm×2.8mm，镀金）…3 个

Ⓗ T 形针（0.5mm×25.2mm，镀金）…1 根

Ⓘ 弹簧扣（5mm，镀金）…1 个

所需工具

• 平口钳
• 圆口钳
• 钳子

制作方法

穿入配饰

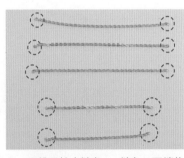

1 用锥子扩大链条 a、链条 b 两端的链圈（参照 P16）。

2 用圆口钳弄圆金属线的前端。

3 将链条 b 穿入环圈内。

安装金属配件

4 用圆口钳将金属线沿环圈的底部缠绕 2～3 圈，制作出眼镜扣（参照 P13）。接着用钳子剪去多余的金属线。

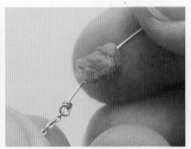

5 将金属线穿入粉红碧玺。

链条 a

6 用圆口钳弄圆金属线的另一端，再穿入 3 条链条 a，接着制作眼镜扣。

链条 b
圆环
链条 a 3 条

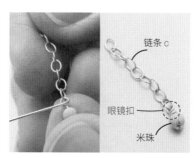

链条 c
眼镜扣
米珠

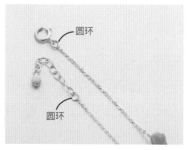

圆环
圆环

7 将步骤 6 的 3 条链条 a 的另一端穿入圆环，将链条 b 连接在圆环上，然后用圆口钳和平口钳将圆环闭合。

8 将 T 形针穿入米珠，并用圆口钳弄弯前端，接着穿入链条 c，然后制作眼镜扣。

9 用圆环将步骤 8 的链条 c 和弹簧扣连接在 2 条链条 b 的另一端。

---

12 佩戴纤细的链戒，尽显雅致。

粉红碧玺戒指

可使用相同的配饰 ⟶ 详见 P34

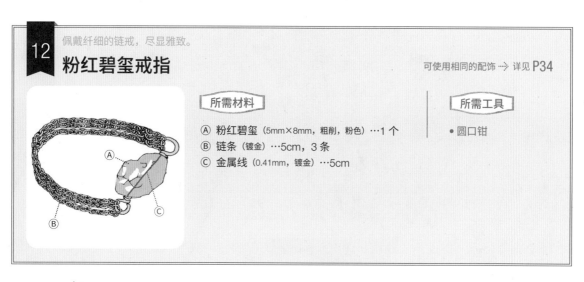

所需材料

Ⓐ 粉红碧玺 (5mm×8mm，粗削，粉色) ⋯1 个
Ⓑ 链条 (镀金) ⋯5cm，3 条
Ⓒ 金属线 (0.41mm，镀金) ⋯5cm

所需工具

• 圆口钳

制作方法

穿入配饰

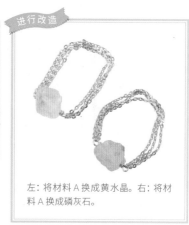

1 用圆口钳弄圆金属线的前端，再穿入 3 条链条，制作眼镜扣（参照 P13）。接着穿入粉红碧玺，并用圆口钳弄圆前端，接着穿入 3 条链条的另一端。

2 制作眼镜扣。

进行改造

左: 将材料 A 换成黄水晶。右: 将材料 A 换成磷灰石。

手链　耳环
13 | 14

连接

字母饰品手链 &
字母饰品流苏耳环

▶制作方法详见 P38、39

耳环 手链 连接
15 16 三角框金属耳环 & 三角框金属手链 ▶制作方法详见 P40、41

13

仅需将皮革金属线缠绕成线圈状，即可突显复古时髦感。可根据自己的想法替换饰物进行改造。

字母饰品手链

可使用相同的配饰 ⋯⟩ 详见 P39

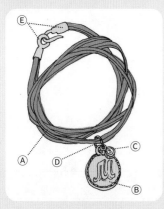

所需材料

Ⓐ 皮革金属线（3mm，茶色）⋯49cm×2 根
Ⓑ 字母圆形托片（12mm，金色）⋯1 个
Ⓒ 底扣饰物（5mm×3mm，金色）⋯1 个
Ⓓ 造型圆环（5mm，弯头，金色）⋯1 个
Ⓔ 别扣配件（钩状，金色）⋯1 对

所需工具

• 平口钳
• 圆口钳
• 黏着剂
• 牙签

制作方法

处理皮革金属线末端

1 用牙签在别扣配件的内侧涂满黏着剂（参照 P14）。

2 将 2 根皮革金属线并拢，将其一端嵌入别扣配件内。按照同样的方法嵌入另一端。

连接配饰

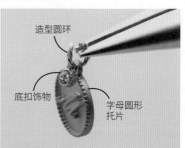

造型圆环
底扣饰物
字母圆形托片

3 将字母圆形托片、底扣饰物穿入造型圆环内。

4 将造型圆环连接至皮革金属线的正中央，然后将造型圆环闭合。

进行改造

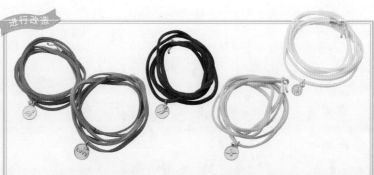

从左到右，依次将材料 A 的颜色换成橙色、蓝色、黑色、米色、白色；依次将材料 B 换成图案为 "S" "LOVE" "N" "K" 的圆形托片和硬币（13mm×9mm，金色）。

14

流苏的材料为质感柔软的绒面革，其与金属饰物相搭配，更显质感。

字母饰品流苏耳环

可使用相同的配饰 ⟶ 详见 **P38、93**

所需材料

Ⓐ 流苏（附环，茶色）…2 个
Ⓑ 字母圆形托片（12mm，金色）…2 个
Ⓒ 底扣饰物（5mm×3mm，金色）…2 个
Ⓓ 三角环（0.6mm×5mm×5mm，金色）…2 个
Ⓔ 圆环 a（0.6mm×3mm，金色）…4 个
Ⓕ 圆环 b（0.8mm×4mm，金色）…2 个
Ⓖ 耳环配件（附环，金色）…1 对

所需工具

• 平口钳
• 圆口钳

制作方法

制作配饰

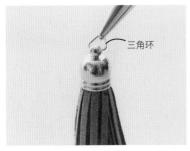

三角环

1 用平口钳和圆口钳打开三角环，接着穿入流苏的环圈，然后再将其闭合。

连接配饰

圆环 a

圆环 b
圆环 a

2 将圆环 a 穿入底扣饰物，并将其闭合。接着将第一个圆环 a 与第二个圆环 a 相连接。最后穿入圆环 b，并将环圈闭合。

安装金属配件

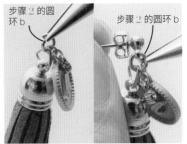

步骤 2 的圆环 b

步骤 2 的圆环 b

3 打开步骤 2 的圆环 b，接着连接步骤 1 的配饰和耳环配件，并闭合圆环 b。按照同样的方法制作另一只耳环。

进行改造

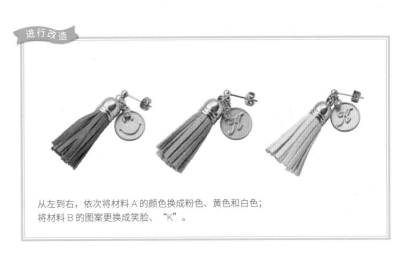

从左到右，依次将材料 A 的颜色换成粉色、黄色和白色；
将材料 B 的图案更换成笑脸、"K"。

Simple & Casual

39

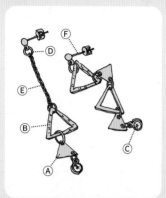

15 使用大量三角装饰元素，引人注目。

三角框金属耳环

可使用相同的配饰 ⋯⟶ 详见 P41

所需材料

Ⓐ 金属三角板（9mm，金色）⋯3 个
Ⓑ 三角框缘（15mm，金色）⋯3 个
Ⓒ 底扣饰物⋯2 个
Ⓓ 圆环（0.6mm×3.5mm，金色）⋯9 个
Ⓔ 链条（金色）⋯30mm
Ⓕ 耳环配件（金色）⋯1 对

所需工具

• 平口钳
• 圆口钳
• 镊子

制作方法

连接配饰

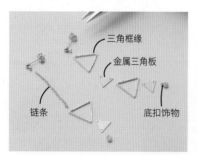

三角框缘
金属三角板
链条
底扣饰物

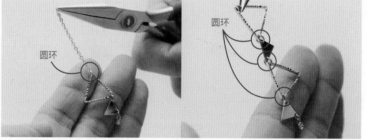

圆环

圆环

1 按照个人喜好排列金属三角板和三角框缘、底扣饰物、链条。特意使两只耳环的长度不一，显得更加俏皮。

2 用圆环分别将金属三角板、三角框缘、底扣饰物、链条连接在一起（参照P13）。

安装金属配件

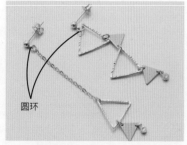

圆环

3 用圆环连接耳环配件。按照同样的方法制作另一只耳环。

进行改造

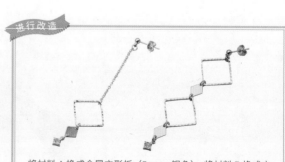

将材料 A 换成金属方形板（5mm，银色）；将材料 B 换成方形框缘（14mm，银色）；将材料 D 换成圆环（0.6mm×3.5mm，银色）；将材料 E 换成链条（银色）；将材料 F 换成耳环配件（银色）。

16

将金属三角板同三角框缘交错排列，也可改变两者的排列顺序。

三角框金属手链

可使用相同的配饰 ⋯⇒ 详见 **P40**

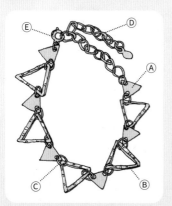

所需材料

Ⓐ 金属三角板（9mm，金色）⋯6 个
Ⓑ 三角框缘（15mm，金色）⋯5 个
Ⓒ 圆环（0.6mm×3.5mm，金色）⋯12 个
Ⓓ 延长链（金色）⋯5cm
Ⓔ 弹簧扣（6mm，金色）⋯1 个

所需工具

• 平口钳
• 圆口钳

制作方法

连接配饰

三角框缘
金属三角板
延长链条

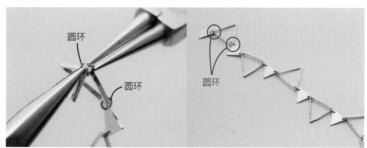

圆环
圆环
圆环

1 排列好金属三角板、三角框缘和延长链，可根据手腕的粗细适当调整配饰的个数。

2 用圆环连接所有配饰（参照 P13）。

安装金属配件

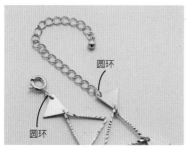

圆环
圆环

3 分别将弹簧扣和延长链与步骤 **2** 的配饰两端相连。

进行改造

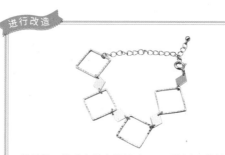

将材料 A 换成金属方形板（5mm，银色）；将材料 B 换成方形框缘（14mm，银色）；将材料 C 换成圆环（0.6mm×3.5mm，银色）；将材料 D 换成延长链（银色）；将材料 E 换成弹簧扣（银色）。

Simple & Casual

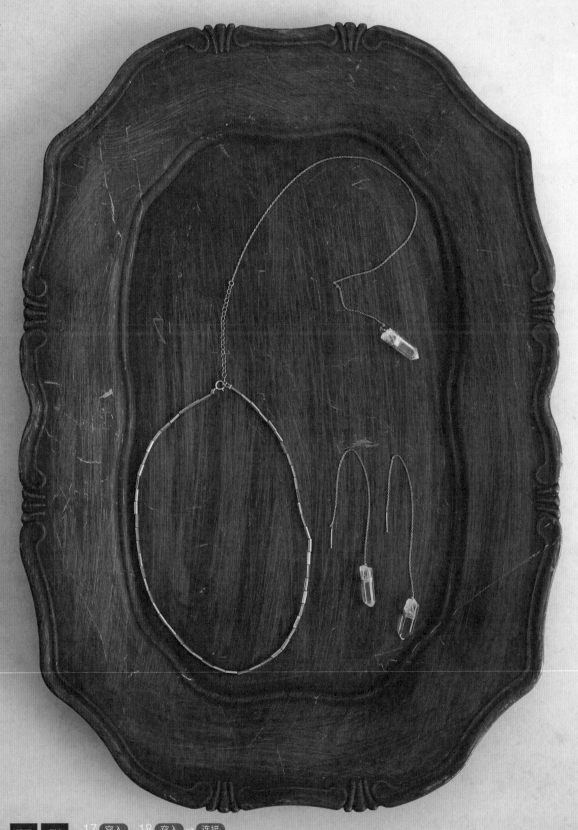

耳环　别针
19 **20**

连接

羽毛耳环 &
羽毛别针

▶制作方法详见 P46、47

17

在耳边摆动的条状水晶装饰，充满了神秘感。

水晶耳环

可使用相同的配饰 ···> 详见 **P45**

所需材料

Ⓐ 水晶（6mm×20mm，条状）···2 个
Ⓑ 金属线（0.33mm，镀金）···25cm，2 根
Ⓒ 耳环配件（美式，10cm 链条，镀金）···1 对

所需工具

• 圆口钳
• 钳子

制作方法

制作配饰

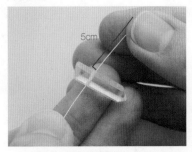

5cm

1 将金属线穿入水晶，并留 5cm，接着用手压固。

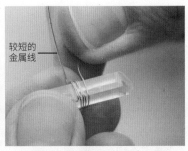

较短的金属线

2 将较长的金属线缠绕水晶 5 圈左右。应使劲缠绕以防金属线松动。

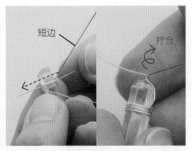

短边　　拧合

3 将缠好的金属线从孔内穿出，接着拧合 2 根金属线 2～3 次。

安装金属配件

裁剪

4 用圆口钳弯曲其中一根金属线至形成圆环。然后用钳子剪断另一根金属线的多余部分。

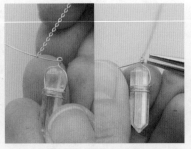

5 将金属线穿入耳环配件的链条，然后将金属线在圆环底部缠绕几圈，制作眼镜扣（参照 P13）。

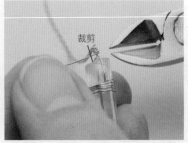

裁剪

6 用钳子剪断多余的金属线。按照同样的方法制作另一只耳环。

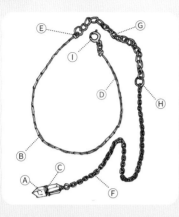

18

金色项链前端的水晶，成为亮点。

水晶项链

可使用相同的配饰 ⟶ 详见 P44

所需材料

- Ⓐ 水晶（6mm×20mm，条状）…1 个
- Ⓑ 管珠（2mm×6mm，薄镀金）…55 个
- Ⓒ 金属线（0.33mm，镀金）…25cm
- Ⓓ 尼龙捆扎绳（0.3mm，金色）…45cm
- Ⓔ 定位珠（2mm×1mm，镀金）…2 个
- Ⓕ 链条 a（镀金）…25cm
- Ⓖ 链条 b（镀金）…5cm
- Ⓗ 圆环（0.5mm×2.8mm，镀金）…3 个
- Ⓘ 弹簧扣（5mm，镀金）…1 个

所需工具

- 平口钳
- 圆口钳
- 钳子

制作方法

制作配饰

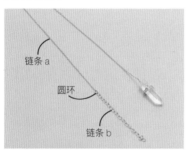

链条 a
圆环
链条 b

1 通过制作水晶耳环的步骤 1～3，制作水晶配饰。接着将金属线穿入链条 a，制作眼镜扣，然后用圆环连接链条 a 和链条 b。

处理金属软线末端

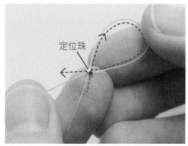

定位珠

2 将尼龙捆扎绳穿入定位珠，接着翻折尼龙捆扎绳的一端，并再次穿入定位珠（参照 P15）。

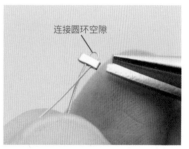

连接圆环空隙

3 用平口钳压平定位珠。由于需连接圆环，因此应确保留出足够的空隙。

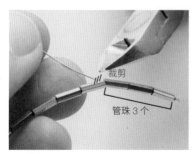

裁剪
管珠 3 个

4 将尼龙捆扎绳穿入 55 个管珠，接着在距离步骤 2 中翻折后的金属软线端头的 3 个管珠处将金属软线剪断。

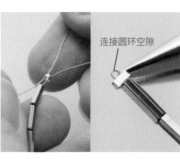

连接圆环空隙

5 穿好管珠后，同步骤 2，将已穿入定位珠的尼龙捆扎绳翻折并再次穿过定位珠，并压固定定位珠。注意留有连接圆环的空隙以及处理尼龙捆扎绳边端的方法。

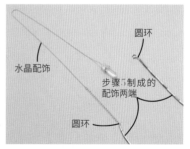

水晶配饰
圆环
步骤 5 制成的配饰两端
圆环

6 用圆环将水晶配饰、弹簧扣分别连接在步骤 5 制成的配饰的两端（参照 P13）。

Simple & Casual

19

轻飘飘的羽毛垂落于耳旁，充满了纯洁的气息。

羽毛耳环

可使用相同的配饰 —> 详见 P29、47、69、88、108、109、122

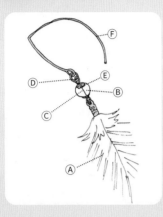

所需材料

Ⓐ 羽毛（7.5～10cm，附金属配件，白色）…2 片
Ⓑ 棉花珍珠（6mm，双孔，白色）…2 个
Ⓒ 9 字针（0.5mm×20mm，金色）…2 根
Ⓓ 圆环（0.6mm×3mm，金色）…2 个
Ⓔ 花托（4mm，金色）…4 个
Ⓕ 耳环配件（约 45mm×25mm，金色）…1 对

所需工具

• 平口钳
• 圆口钳

制作方法

制作配饰

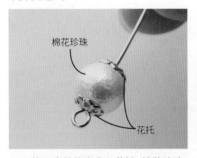

棉花珍珠

花托

1 将 9 字针依次穿入花托、棉花珍珠、花托。

2 用圆口钳弄圆步骤 1 的配饰的前端（参照 P12）。

连接配饰

3 打开步骤 2 的 9 字针一端的环圈，并穿入羽毛，接着将环圈闭合。

安装金属配件

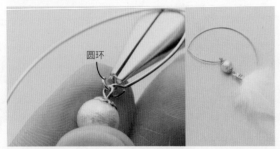

圆环

4 用圆环连接步骤 3 的配饰和耳环配件。按照同样的方法制作另一只耳环。

进行改造

将材料 A 换成羽毛（7.5～10cm，附金属配件）。

羽毛销钉既不过于艳丽，也独具特点。

羽毛别针

可使用相同的配饰 → 详见 P29、46、69、88、108、109、122

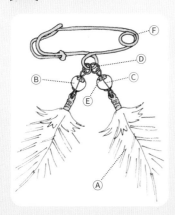

所需材料

Ⓐ 羽毛（7.5～10cm，附金属配件，白色）…2 片

Ⓑ 棉花珍珠（6mm，双孔，白色）…2 个

Ⓒ 9 字针（0.5mm×20mm，金色）…2 根

Ⓓ 圆环（0.6mm×3mm，金色）…2 个

Ⓔ 花托（4mm，金色）…4 个

Ⓕ 销钉（中号，35mm，金色）…1 个

所需工具

• 平口钳
• 圆口钳

制作方法

制作配饰

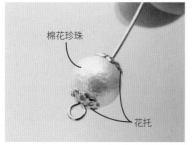

棉花珍珠

花托

1 将 9 字针依次穿入花托、棉花珍珠、花托。

2 用圆口钳弯曲步骤 1 的 9 字针的前端至形成环圈（参照 P12）。

连接配饰

3 打开 9 字针一端的环圈，穿入羽毛，接着将环圈闭合。

安装金属配件

4 重复步骤 1～步骤 3，制作出 2 个羽毛配饰。

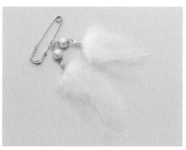

5 用圆环将 2 个羽毛配饰连接在销钉的环圈上（参照 P13）。

进行改造

将材料 A 换成羽毛（7.5～10cm，附金属配件）。

Simple & Casual

耳环　手链
21　22

穿入 → 连接

珍珠 × 金色耳环 &
珍珠 × 金色三层手链

▶制作方法详见 P50、51

耳环 发圈
23 24

23 连接 24 缠绕

**丝状珍珠耳环 &
丝状珍珠发圈**

▶制作方法详见 **P52、53**

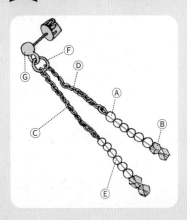

21

仅穿入、连接即可完成制作。微调链条的长度，可给人不同的感觉。

珍珠 × 金色耳环

可使用相同的配饰 …⤑ 详见 P32、33、51、154、155

所需材料

Ⓐ 丝状珍珠（2mm，白色）…24 个
Ⓑ 金属米珠（约 2mm×2mm，金色）…8 个
Ⓒ 链条 a（链宽 0.35mm，金色）…3cm，2 条
Ⓓ 链条 b（链宽 0.35mm，金色）…2cm，2 条
Ⓔ T 形针（0.6mm×30mm，金色）…4 根
Ⓕ 圆环（0.6mm×3mm，金色）…2 个
Ⓖ 耳环配件（附环，金色）…1 对

所需工具

• 平口钳
• 圆口钳
• 锥子

制作方法

制作配饰

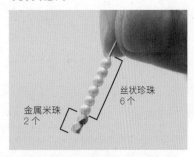

丝状珍珠
6 个

金属米珠
2 个

1 将 T 形针依次穿入 2 个金属米珠、6 个丝状珍珠。

2 用圆口钳弄圆步骤 **1** 的配饰的前端（参照 P12）。重复步骤 **1** 和 **2** 制作出另一个配饰。

连接配饰

3 若链条 a、b 的链圈较小，可用锥子扩大链条两端的链圈（参照 P16）。

安装金属配件

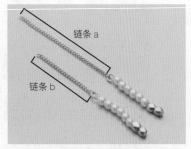

链条 a

链条 b

4 打开步骤 **2** 中的 T 形针的环圈，分别连接链条 a、b，再将环圈闭合。

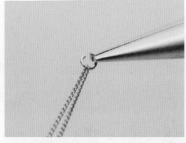

5 将步骤 **4** 的链条 a、b 的另一端穿入圆环，并用平口钳和圆口钳将环圈闭合（参照 P13）。

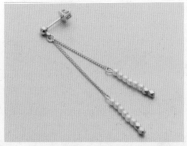

6 打开步骤 **5** 中的圆环，并将其连接在耳环配件的环圈上。按照同样的方法制作另一只耳环。

22

珍珠与金属在颜色上的反差，显示了手链的华丽感。

珍珠 × 金色三层手链

可使用相同的配饰 ⋯⟩ 详见 **P50**

所需材料

Ⓐ 丝状珍珠（3mm，白色）⋯140 个
Ⓑ 金属米珠（约 2mm×2mm，金色）⋯10 个
Ⓒ 横杠造型卡扣（3 环，金色）⋯2 个
Ⓓ 包扣（内径 2mm，金色）⋯6 个
Ⓔ 定位珠（外径 1.5mm，金色）⋯6 个
Ⓕ 圆环（0.6mm×3mm，金色）⋯2 个
Ⓖ 渔线（2 号，0.23mm）⋯30cm，3 根
Ⓗ OT 扣（O 环 11mm×14mm，T 扣 15mm，金色）⋯1 组

所需工具

• 平口钳
• 圆口钳

制作方法

处理渔线末端

1 将定位珠与包扣置于渔线前端，并用平口钳压平定位珠，接着闭合包扣（参照 P15）。重复此步骤处理其余 2 根渔线末端。

穿入配饰

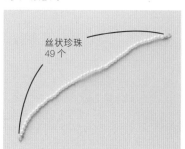

丝状珍珠
49 个

2 在 2 根渔线上分别穿入 49 个丝状珍珠，然后用包扣和定位珠处理渔线的另一端。按同样的方法制作另一个配饰。

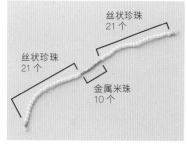

丝状珍珠
21 个

丝状珍珠
21 个

金属米珠
10 个

3 将剩余的 1 根渔线依次穿入 21 个丝状珍珠、10 个金属米珠、21 个丝状珍珠。接着用包扣和定位珠处理渔线的另一端。

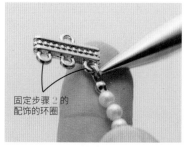

固定步骤 **2** 的配饰的环圈

4 打开步骤 **2** 中的包扣的卡钩，并穿扣在横杠造型卡扣一端的环圈上。同样，将步骤 **2** 中的另一个包扣的卡钩穿扣在另一端的环圈上。

步骤 **3** 的配饰

5 打开步骤 **3** 中的包扣的卡钩，并穿扣在横杠造型卡扣中间的环圈上。将 3 个配饰的另一端对应穿扣在另一个横杠造型卡扣上。

安装金属配件

圆环

圆环

6 用圆环将 OT 扣分别连接在横杠造型卡扣一端的环圈上（参照 P13）。

Simple & Casual

23 呈葡萄串形状的耳环，其圆滚滚的形状设计十分出众。

丝状珍珠耳环

可使用相同的配饰 —-> 详见 P67、78、79、89、119

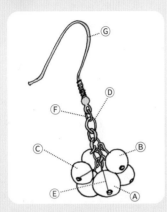

所需材料

- Ⓐ 丝状珍珠 a（7mm，白色）…4 个
- Ⓑ 丝状珍珠 b（8mm，白色）…4 个
- Ⓒ 丝状珍珠 c（6mm，白色）…4 个
- Ⓓ 链条（链宽 0.6mm，金色）…1cm，2 条
- Ⓔ T 形针（0.6mm×30mm，金色）…12 根
- Ⓕ 圆环（0.6mm×3mm，金色）…2 个
- Ⓖ 耳环配件（附钩状扣，约 20mm，金色）…1 对

所需工具

- 平口钳
- 圆口钳

制作方法

制作配饰

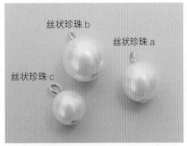

1 丝状珍珠 a、b、c 各 2 个，依次穿入 T 形针，并用圆口钳弄圆 T 形针前端（参照 P12）。

连接配饰

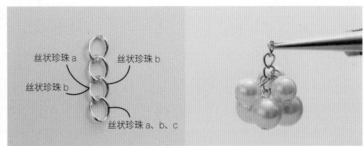

2 打开步骤 1 的 T 形针的环圈，并按图示连接在最后 2 个链圈内，然后闭合环圈。

安装金属配件

3 用圆环连接步骤 2 中的配饰和耳环配件。按照同样的方法制作另一只耳环。

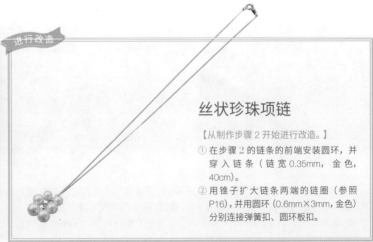

进行改造

丝状珍珠项链

【从制作步骤 2 开始进行改造。】

① 在步骤 2 的链条的前端安装圆环，并穿入链条（链宽 0.35mm，金色，40cm）。

② 用锥子扩大链条两端的链圈（参照 P16），并用圆环（0.6mm×3mm，金色）分别连接弹簧扣、圆环板扣。

24 仅需将发圈与珍珠链缠绕在一起即可完成制作，非常适合新手。

丝状珍珠发圈

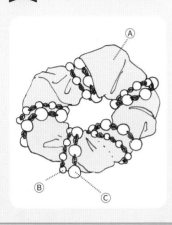

《所需材料》

Ⓐ 发圈（缎纹，米色）…1 个
Ⓑ 珍珠链 a（4mm，金色）…47cm
Ⓒ 珍珠链 b（6mm，金色）…47cm

《所需工具》

• 平口钳
• 圆口钳

制作方法

缠绕链条

1 并拢珍珠链 a、b，并将其缠绕在发圈上。

2 缠好后，打开珍珠链 a、b 两端的环圈，再将其连接，接着再用平口钳和圆口钳闭合环圈。

3 将发圈稍向左右延展，使珍珠链适配发圈的大小。

POINT

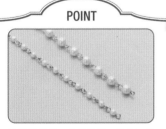

珍珠链选用 9 字针连接。若用 9 字针连接其他珍珠配饰，可制作出同款链条，请根据喜好自由调整。

进行改造

将材料 A 的颜色换成黑色、茶色及绀色！

Simple & Casual

来自专家的意见

精美套装首饰的制作技巧

田坪彩

建议制作时不要过度依赖色彩。初学时仅需定好主色调、金色和珠光白色，这样才能获得整体的协调感。

小野步

可尝试着将想要制作的饰品画出来，或排列出来，使其具体化。只要将主材料和颜色搭配好，就可制作出成套的精美饰品。

惠美梦

极简的设计风格便于整体搭配。可采用同色系或柔和色系的大号配饰及不同形状的素材，这样可营造出温婉风。

权藤真纪子

若要将米珠、珍珠编织在多孔托片上，则需固定好配饰，以防出现空隙。用此方法制作出的饰品会更加灵动可爱。

北村紫

即使是普通的黑色米珠，光泽度不同，给人的感觉也会大不相同。在制作成套饰品时要注重米珠的质感。

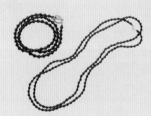

真凛吴

选用布类或丝带时无须过于拘泥于细节，只要稍有褶皱即可。点缀上米珠或珍珠配饰，可使饰品更加精致。

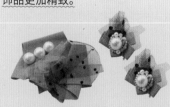

花椰菜

可用同色系的美甲油画出甲花。即使使用的是不同的色系，也应选用同款品牌，这样才能使颜色更为均匀。

第2章

Cute & Romantic

时髦浪漫风

甜美的花朵元素与棉花糖般柔软的毛球，
看见就会怦然心动的浪漫风格饰品。

耳环　胸针
01　02

01 编织　02 编织 → 连接

花朵耳环 & 花朵胸针
▶制作方法详见 P58～60

项链 手链

03 04 蕾丝边项链 & 蕾丝边手链 ▶制作方法详见 P61～63

编织 → 连接

01

浅粉色迷你花朵造型耳环。可选择 4 片花瓣制作，也可选择 5 片花瓣制作。

花朵耳环

可使用相同的配饰 ⋯⟫ 详见 **P60**

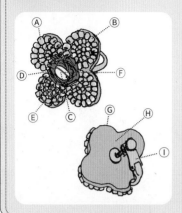

所需材料

- Ⓐ 种珠a（迷你，肉粉色）⋯72 个
- Ⓑ 种珠b（圆头小号，肉粉色）⋯224 个
- Ⓒ 淡水珍珠（3mm，粉色）⋯2 个
- Ⓓ 软金属网（蓝色）⋯2cm，6 片
- Ⓔ 金属线a（#28）⋯15cm，8 根
- Ⓕ 金属线b（#28）⋯10cm，2 根
- Ⓖ 毛毡（4cm×4cm，米色）⋯2 片
- Ⓗ 皮革（4cm×4cm，浅米色）⋯2 片
- Ⓘ 耳环配件（8mm，附圆形托片，弹簧式，金色）⋯1 对

所需工具

- 钳子
- 锥子
- 切割垫板
- 剪刀
- 黏着剂

制作方法

制作花瓣

种珠a

留4cm

拧2～3次

1 在金属线a的一端留出 4cm 的长度，接着穿入 5 个种珠a，然后使金属线的两端交缠在一起，并拧 2～3 次。

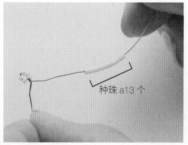

种珠a13个

2 在金属线a的长边穿入 13 个种珠a。

拧2～3次

3 使步骤 2 穿入的种珠围绕步骤 1 穿入的种珠a，接着并拢金属线的两端，并拧 2～3 次。

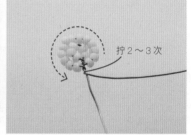

种珠b17个

拧 10 次左右

4 将金属线a的长边穿入 17 个种珠b，并使其围绕步骤 3 穿入的种珠a，接着并拢金属线的两端，并拧 10 次左右。重复此步骤制作出另一片花瓣。

制作花蕊

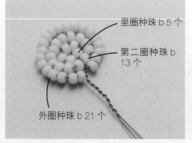

里圈种珠b 5 个

第二圈种珠b 13 个

外圈种珠b 21 个

5 按照里圈 5 个种珠b、第二圈 13 个种珠b、外圈 21 个种珠b的样式排列，接着同步骤 1～4，制作出花瓣。重复此步骤制作出另一片花瓣。

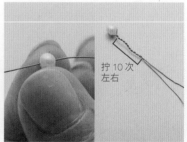

拧 10 次左右

6 在金属线b的正中央处穿入 1 个淡水珍珠，将金属线b的两端并拢并拧 10 次左右。

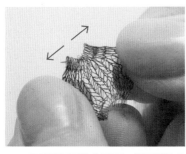

7 用手延展开软金属网。按同样的方法再延展开2片软金属网。

8 将3片软金属网叠放在切割垫板上，接着用锥子在中间打孔。

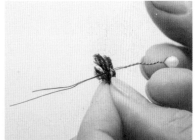

9 在软金属网的开孔处，穿入步骤6的配饰，制作出花蕊。

制作花朵形状

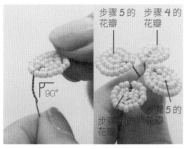

10 用手折弯花瓣配饰以调整角度。将同一样式的花瓣呈对角摆放，并用手握住它们。

11 在花瓣中央装饰步骤9的花蕊。

12 将所有金属线收至背面，并用平口钳拧固7～8次，用钳子剪断剩余部分。完成花朵配饰部分的制作。

连接金属配件

13 在花朵的背面涂满黏着剂，并粘上毛毡。接着用剪刀沿着花瓣裁剪毛毡。

14 在耳环配件的圆形托片上涂满黏着剂，并粘在步骤13中的配饰的背面（参照P14）。

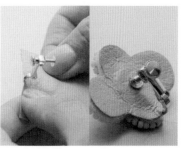

15 在步骤14中的配饰的背面涂满黏着剂，并粘上皮革。接着用剪刀沿着花瓣裁剪皮革。按照同样的方法制作另一只耳环。

02 花朵胸针装饰于衣领处，在不经意间流露着雅致。

花朵胸针

可使用相同的配饰 ⟶ 详见 **P58**

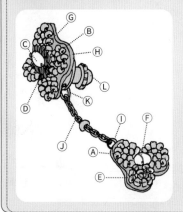

所需材料

Ⓐ 种珠 a（迷你，肉粉色）…15 个
Ⓑ 种珠 b（圆头小号，肉粉色）…105 个
Ⓒ 淡水珍珠（2～3mm，粉色）…2 个
Ⓓ 软金属网（蓝色）…2cm，2 片
Ⓔ 金属线 a（#28）…12cm，7 根
Ⓕ 金属线 b（#28）…10cm，2 根
Ⓖ 毛毡（3cm×3cm，米色）…2 片
Ⓗ 皮革（3cm×3cm，浅米色）…2 片
Ⓘ 9 字针（0.6cm×1.5cm，金色）…1 根
Ⓙ 链条（金色）…1.7cm

Ⓚ C 环（0.6mm×3mm×4mm，金色）…1 个
Ⓛ 领带针（圆形托片，金色）…1 根

所需工具

• 平口钳　　　• 锥子
• 圆口钳　　　• 黏着剂
• 钳子　　　　• 切割垫板
• 剪刀

制作方法

制作花瓣

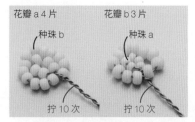

花瓣 a 4 片　　　花瓣 b 3 片
种珠 b　　　　　种珠 a
拧 10 次　　　　拧 10 次

1 与制作花朵耳环的方法相同，将金属线 a 穿入 5 个种珠 b，并拧 2 次，接着穿入 13 个种珠 b，再拧 10 次左右（上图左边花瓣）。重复此步骤制作 4 片。同理，将金属线 a 穿入 5 个种珠 a，并拧 2 次，接着穿入 11 个种珠 b，再拧 10 次左右（上图右边花瓣）。重复此步骤制作 3 片。

制作花蕊

2 参考制作花朵耳环的步骤 6，用金属线 b 制作出 2 个珍珠配件。将其中 1 个珍珠配件插入软金属网用来制作花蕊，具体参考花朵耳环的制作步骤 7～9。

制作花朵形状

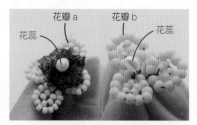

花瓣 a　　　花瓣 b
花蕊　　　　　　花蕊

3 将装饰有软金属网的花蕊与 4 片花瓣 a 组合，接着参考花朵耳环的制作步骤 12，拧固所有金属线，并剪断剩余部分。3 片花瓣 b 与无软金属网的花蕊的组合方法同上。

安装金属配件

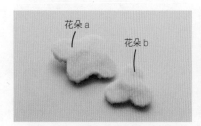

花朵 a　　　花朵 b

4 在花朵的背面涂满黏着剂，并粘上毛毡。接着用剪刀沿着花瓣裁剪毛毡。

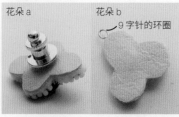

花朵 a　　　花朵 b
9 字针的环圈

5 给花朵 a 粘上皮革、领带针。给花朵 b 也粘上皮革，放置时需露出 9 字针的环圈。接着用剪刀沿着花瓣裁剪皮革。

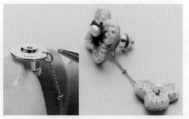

6 用 C 环将链条连接在领带针孔处。接着打开 9 字针的环圈连接链条的另一端，最后将环圈闭合。

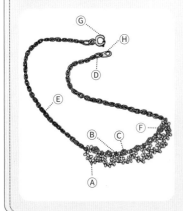

03 用米珠编织出蕾丝边项链，尽显温婉感。

蕾丝边项链

可使用相同的配饰 ⟶ 详见 **P63**

所需材料

- Ⓐ 米珠 a（迷你，金色）…104 个
- Ⓑ 米珠 b（2mm，黑色）…5 个
- Ⓒ 捷克珠（4mm，黑色）…6 个
- Ⓓ C 环（0.5mm×2mm×3mm，金色）…2 个
- Ⓔ 链条（金色）…16cm，2 条
- Ⓕ 渔线（2 号）…70cm
- Ⓖ 弹簧扣（5.5mm，金色）…1 个
- Ⓗ 圆环板扣（3mm×8mm，金色）…1 个

所需工具

- 平口钳
- 圆口钳
- 钳子

制作方法

编织米珠和捷克珠

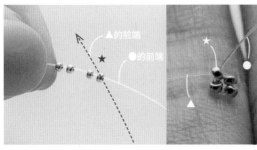

1 将渔线穿入 4 个米珠 a。此时，渔线的左端用符号●表示，右端用符号▲表示。接着将米珠 a ★穿入渔线▲，并用力拉紧渔线。

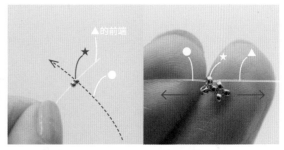

2 将渔线▲穿入 2 个米珠 a。将渔线●穿入米珠 a ★，并用力拉紧渔线。

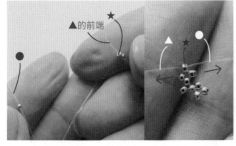

3 将渔线●穿入 1 个米珠 a，接着将渔线▲穿入 2 个米珠 a。然后将米珠 a ★穿入渔线●内，并用力拉紧渔线。

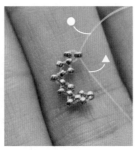

4 重复步骤 2、3。

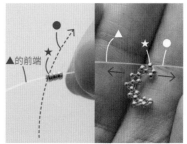

5 将渔线▲穿入 3 个米珠 a。接着将渔线●穿入米珠 a ★，并用力拉紧渔线。

Cute & Romantic

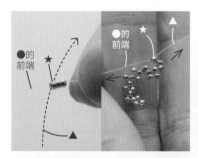

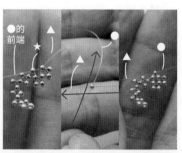

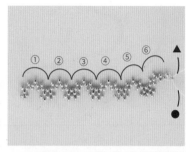

6 将渔线●穿入3个米珠a。接着将米珠a★穿入渔线▲，并用力拉紧渔线。

7 将米珠a★穿入渔线●，接着再穿入米珠a并与渔线▲交叉，接着用力拉紧渔线。即可制作出1组蕾丝边米珠串。

8 重复步骤3~7，制作出其余5组蕾丝边米珠串（制作第②、④、⑥组蕾丝边米珠串时仅需颠倒渔线▲和渔线●的穿入顺序；制作第⑥组蕾丝边米珠串时仅需重复步骤3~4）。

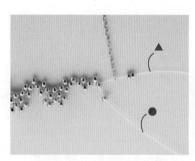

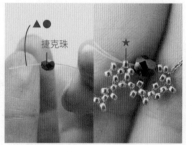

9 将渔线▲穿入链条的末端链圈、2个米珠a，将渔线●穿入1个米珠a。

10 将9上下颠倒，同时握住渔线▲●。接着，在米珠a★穿入1个捷克米珠，并用力拉紧渔线。

11 在渔线▲●穿入1个米珠b。接着穿入米珠a★，并用力拉紧渔线。

安装金属配件

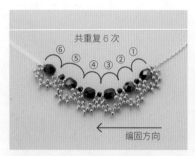

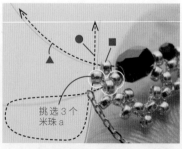

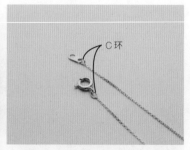

12 穿入剩余5组对应的捷克珠、米珠b。第⑥组蕾丝边米珠串仅需穿入捷克米珠。

13 将渔线●穿入2个米珠a，接着穿入链条的末端链圈并穿入1个米珠a。然后将渔线▲穿入1个米珠a■，并用力系紧渔线，再用钳子剪断剩余部分。

14 用C环将弹簧扣与圆环板扣分别连接在链条的另一端。

与蕾丝边项链成套搭配的蕾丝边手链，设计感十足。

蕾丝边手链

可使用相同的配饰 ⟶ 详见 P61

所需材料

A 米珠 a（迷你，金色）…87 个
B 米珠 b（2mm，黑色）…4 个
C 捷克珠（4mm，黑色）…5 个
D 链条 a（金色）…5.5cm，2 条
E 链条 b（金色）…5cm
F 渔线（2 号）…60cm
G C 环（0.5mm×2mm×3mm，金色）…2 个
H 磁铁扣（10mm，金色）…1 对

所需工具

• 平口钳
• 圆口钳
• 钳子

制作方法

编织米珠和捷克珠

1 参考蕾丝边项链的制作步骤 1~13，编织出 5 组蕾丝边米珠串，接着连接链条 a 和穿入对应的捷克珠、米珠 b。

安装金属配件

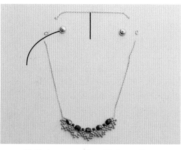

2 将链条 a、b 的两端分别穿入 2 个 C 环，接着将磁铁扣穿入 C 环，并闭合环圈。

POINT

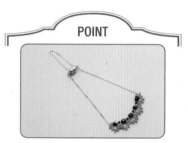

将所有配饰全部穿在一起。穿入链条 b 后，即便磁铁扣脱落，链条也不会脱落。

Cute & Romantic

进行改造

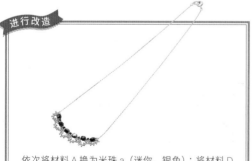

依次将材料 A 换为米珠 a（迷你，银色）；将材料 D 换成链条（0.5mm×2mm×3mm，银色）；将材料 E 换成链条（银色）；将材料 G 换成弹簧扣（5.5mm，银色）；将材料 H 换成圆环板扣（3mm×8mm，银色）。

进行改造

依次将材料 A 换成米珠（迷你，银色）；将材料 D 换成链条（银色）；将材料 E 换成链条（银色）；将材料 G 换成 C 环（0.5mm×2mm×3mm，银色）；将材料 H 换成磁铁扣（银色）。

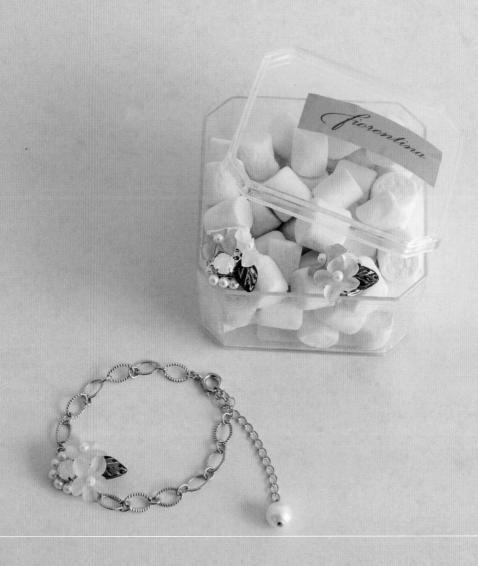

耳环 手链
05 06

05 编织 06 编织 → 连接

花卉耳环 & 花卉手链

▶制作方法详见 P66、67

七彩流苏耳环 & 七彩流苏发夹
▶制作方法详见 P68、69

柔和色系的花朵增添了一份温雅的气息。

花卉耳环

可使用相同的配饰 ···> 详见 P67

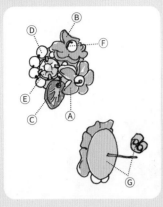

所需材料

Ⓐ 亚克力花朵串珠 a（15mm，蓝色）···2 个
Ⓑ 亚克力花朵串珠 b（15mm，橙色）···2 个
Ⓒ 捷克叶片米珠（1.2mm，黄绿色）···2 个
Ⓓ 树脂珍珠（3mm，奶白色）···12 个
Ⓔ 水钻（6mm，附爪框，乳白色）···2 个
Ⓕ 渔线（4 号）···约 30cm，2 根
Ⓖ 耳环配件（15mm，附多孔托片，金色）···1 对

所需工具

• 平口钳
• 钳子
• 剪刀

制作方法

用渔线编织配饰

将渔线穿入
第二排的孔

树脂珍珠

亚克力花朵串珠 a

1 将渔线穿入多孔托片的第二排孔。接着再将渔线穿入亚克力花朵串珠 a、树脂珍珠，制作出花朵。然后再将渔线穿入亚克力花朵串珠 a 正中央，并从邻孔穿出。

亚克力花朵串珠 b

树脂珍珠

亚克力花朵串珠 a

2 将步骤 1 中的渔线从亚克力花朵串珠 a 的正上方的孔中穿出，接着按照步骤 1 的要领，穿入亚克力花朵串珠 b 和树脂珍珠，并将渔线从亚克力花朵串珠 b 的邻孔穿出。

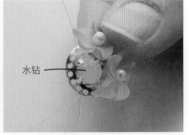

水钻

3 将渔线从多孔托片中央的孔穿出，接着再将其穿入水钻，然后再将渔线从水钻的邻孔穿出。

安装金属配件

树脂珍珠
4 个

4 将渔线从亚克力花朵串珠 b 下方的孔穿出，接着穿入 4 个树脂珍珠。然后沿多孔托片的边缘缠绕，再将渔线穿入亚克力花朵串珠 a 左侧的孔，并从背面穿出。

用力系紧

捷克叶片米珠

5 将渔线从亚克力花朵串珠 a 左下方的孔穿出，并穿入捷克叶片米珠，接着再从邻孔穿出并用力系紧 2~3 次，然后剪断剩余的渔线。

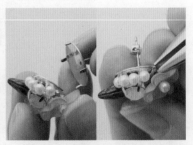

6 在步骤 5 的基础上安装耳环配件，接着用平口钳按压以固定爪托（参照 P16）。按照同样的方法制作另一只耳环。

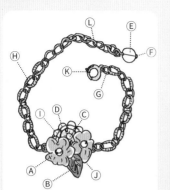

06

花卉手链的制作方法很简单，改造方法也很简单。

花卉手链

可使用相同的配饰 ⋯➔ 详见 P52、66、78、79、119

所需材料

Ⓐ 亚克力花朵串珠a（15mm，蓝色）⋯2 个
Ⓑ 捷克叶片米珠（1.2mm，黄绿色）⋯1 个
Ⓒ 水钻（6mm，附爪框，乳白色）⋯1 个
Ⓓ 树脂珍珠（3mm，奶白色）⋯7 个
Ⓔ 丝状珍珠（8mm，白色）⋯1 个
Ⓕ T形针（0.6mm×15mm，金色）⋯1 根
Ⓖ 圆环（0.7mm×4mm，金色）⋯4 个
Ⓗ 链条（金色）⋯5cm，2 条
Ⓘ 渔线（4 号）⋯约 30cm

Ⓙ 耳坠配件（15mm，多孔托片，附环，金色）⋯1 个
Ⓚ 弹簧扣（6mm，金色）⋯1 个
Ⓛ 延长链（金色）⋯6cm

所需工具

• 平口钳　　　　• 钳子
• 圆口钳

制作方法

用渔线编织配饰

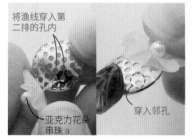

将渔线穿入第二排的孔内

亚克力花朵串珠a

穿入邻孔

1 与花卉耳环的制作步骤1相同，装入亚克力花朵串珠a、树脂珍珠。接着将渔线从亚克力花朵串珠a的左下方孔穿出，并穿入捷克叶片米珠，然后将渔线穿入捷克叶片米珠的邻孔。

捷克叶片米珠

2 将渔线从捷克叶片米珠左边的孔穿出，接着按照步骤1的要领，穿入亚克力花朵串珠a、树脂珍珠，再次将渔线穿入亚克力花朵串珠a中间，然后从邻孔穿出。

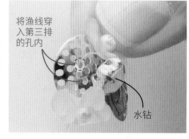

将渔线穿入第三排的孔内

水钻

3 将渔线从第三排的孔穿出，接着穿入水钻，然后再将渔线从水钻的邻孔穿出。

安装金属配件

树脂珍珠5 个

4 将渔线从右侧亚克力花朵串珠a的邻孔穿出，接着再穿入5个树脂珍珠，然后沿多孔托片的边缘缠绕。再将渔线穿入左侧亚克力花朵串珠a旁的孔并用力系紧2~3次，然后剪去剩余部分。

5 在步骤4的基础上装嵌麻花闭圈，并用平口钳按压以固定爪托（参照P16）。固定好后，用圆环连接花朵配饰和2条链条的一端（参照P13）。

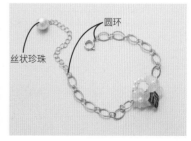

圆环

丝状珍珠

6 将T形针穿入丝状珍珠，并弄圆前端，接着在延长链的前端安装珍珠配件。然后用圆环分别将弹簧扣、延长链连接在两条链条的另一端。

Cute & Romantic

07

十分俏皮的七彩流苏耳环。可使用不同的方法改变流苏的位置。

七彩流苏耳环

可使用相同的配饰 --> 详见 P69

所需材料

Ⓐ 棉花珍珠（10mm，单孔，白色）…2 个
Ⓑ 流苏（附环，七彩色）…2 个
Ⓒ 耳环配件（耳夹立芯，金色）…2 个

所需工具

• 圆口钳
• 平口钳
• 黏着剂
• 牙签

黏着配饰

1 在耳环配件的立芯上涂少量黏着剂（参照 P14）。

2 在立芯上插入棉花珍珠并将其黏固。

连接配饰

3 打开流苏附带的环圈，并将其连接在耳夹上（参照 P13）。按照同样的方法制作另一只耳环。

手工流苏的制作方法

①按照想要制作的流苏长度的一倍，将线绳缠绕25~30 次，接着从卡纸中取出线绳，并用圆环在中心处进行捆绑。

②用线绳在流苏上方 1/4 处系紧。

③用剪刀裁剪流苏下方。

POINT

可无须连接耳夹，直接将流苏穿入耳环配件即可。

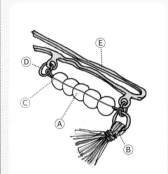

08

将棉花珍珠与流苏搭配在一起，十分精巧可爱。

七彩流苏发夹

可使用相同的配饰 →> 详见 P29、68、88、122

所需材料

- Ⓐ 棉花珍珠（6mm，双孔，白色）…5 个
- Ⓑ 流苏（附环，七彩色）…1 个
- Ⓒ 金属线（#26）…10cm
- Ⓓ 圆环（0.6mm×3mm，金色）…2 个
- Ⓔ 发夹配件（附环，金色）…1 个

所需工具

- 圆口钳
- 平口钳
- 钳子

制作方法

制作配饰

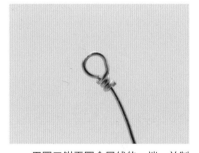

1 用圆口钳弄圆金属线的一端，并制作眼镜扣（参照 P13）。

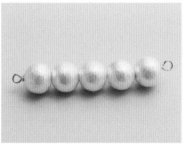

2 将金属线穿入 5 个棉花珍珠，并在另一端制作眼镜扣，用钳子剪掉多余部分。

安装金属配件

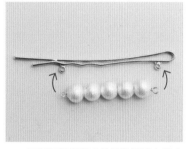

3 用圆环将步骤 2 的配饰连接在发夹配件上（参照 P13）。

Cute & Romantic

4 打开流苏附带的环圈，并将其连接在发夹配件上。

进行改造

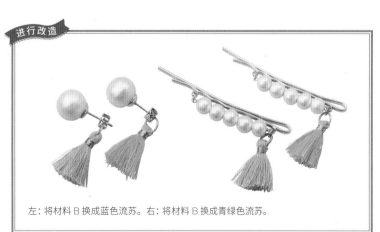

左：将材料 B 换成蓝色流苏。右：将材料 B 换成青绿色流苏。

耳环 项链

09 **10**

09 粘贴 → 连接   10 粘贴 → 穿入 → 连接

玻璃彩珠耳环 & 玻璃彩珠项链 ▶制作方法详见 P72、73

耳环　手链　连接

11 **12**

卡其色大颗玉石耳环 & 卡其色大颗玉石手链

▶制作方法详见 **P74、75**

09

装有米珠的玻璃圆球瓶，宛如珠宝盒。

玻璃彩珠耳环

可使用相同的配饰 ⇢ 详见 P73

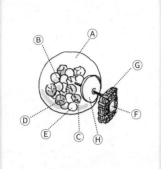

所需材料

- Ⓐ 玻璃圆球瓶（15mm）…2 个
- Ⓑ 捷克珠 a（3mm，乳白色）…16 个
- Ⓒ 捷克珠 b（3mm，粉雾白）…16 个
- Ⓓ 玻璃彩珠（2mm，电镀，粉色）…24 个
- Ⓔ 亚克力米珠（2mm，无孔，白色）…16 个
- Ⓕ 施华洛世奇水晶（4mm，方形，#4428，乳白色）…2 个
- Ⓖ 耳环造型底托（#4428 用，4mm，附人造钻石，金色）…1 对
- Ⓗ 耳堵…2 个

所需工具

- 镊子
- 黏着剂
- 牙签

制作配饰

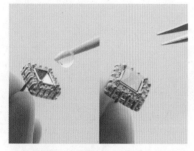

1 在耳环造型底托上涂抹少量黏着剂，接着黏固施华洛世奇水晶（参照 P14）。

2 在玻璃圆球瓶内分别放入 8 个捷克珠 a、8 个捷克珠 b、12 个玻璃彩珠和 8 个亚克力米珠。

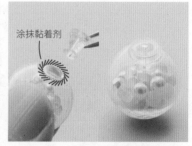

涂抹黏着剂

3 沿着玻璃圆球瓶的瓶口涂抹少量黏着剂，接着嵌入耳堵。

安装金属配件

4 待黏着剂干燥后，为了防止耳堵脱落，在其边缘再次涂抹少量黏着剂。

5 将耳环造型底托的耳夹嵌入耳堵。按照同样的方法制作另一只耳环。

POINT

在步骤 **4** 中，若黏着剂不慎溢出，可涂透明的美甲油进行遮盖。

10

用闪闪发亮的玻璃彩珠制作浪漫甜美的项链。可根据个人的喜好更换装饰品。

玻璃彩珠项链

可使用相同的配饰 --> 详见 **P72**

所需材料

Ⓐ 玻璃彩珠（2mm，电镀，粉色）…11 个

Ⓑ 施华洛世奇水晶（4mm，方形，#4428，乳白色）…1 个

Ⓒ 底托（#4428 用，方形）…1 个

Ⓓ 底扣饰物（约 5mm×3mm，金色）…1 个

Ⓔ 9 字针（0.5mm×30mm，金色）…1 根

Ⓕ 圆环（0.6mm×3mm，金色）…1 个

Ⓖ C 环（0.45mm×2.5mm×3.5mm，金色）…2 个

Ⓗ 链条（金色）…16cm，2 条

Ⓘ 弹簧扣（6mm，金色）…1 个

Ⓙ 延长链（金色）…3cm

所需工具

• 平口钳　　• 镊子

• 圆口钳　　• 黏着剂

• 牙签

制作方法

制作配饰

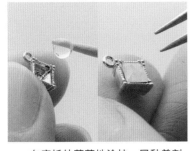

1　在底托处薄薄地涂抹一层黏着剂，黏固施华洛世奇水晶（参照 P14）。

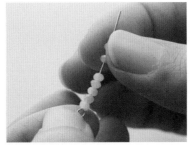

2　将 11 个玻璃彩珠全部穿入 9 字针。

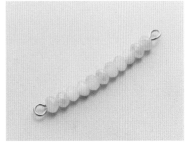

3　用圆口钳弄圆 9 字针的前端（参照 P12）。

连接配饰

4　打开步骤 3 中 9 字针的环圈，分别连接 2 条链条的一端，然后闭合环圈。

圆环

5　分别将步骤 1 中的配饰和底扣饰物穿入圆环，接着将圆环连接在步骤 4 中左下方的环圈上。

安装金属配件

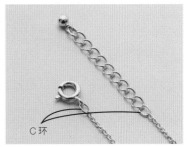

C 环

6　用 C 环将弹簧扣、延长链分别连接在 2 条链条的另一端。

Cute & Romantic

73

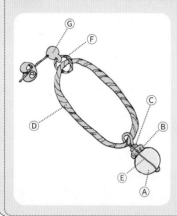

11 卡其色大颗玉石耳饰十分吸睛。

卡其色大颗玉石耳环

可使用相同的配饰 ⋯⟶ 详见 **P75**

所需材料

Ⓐ 亚克力米珠（16mm，卡其色）⋯2 个
Ⓑ 金属米珠（约 5.5mm，哑光金）⋯2 个
Ⓒ 珠光闪片（4mm，金色）⋯2 个
Ⓓ 金属戒指配饰（约 42mm×25mm，哑光金）⋯2 个
Ⓔ T 形针（0.6mm×30mm，哑光金）⋯2 根
Ⓕ 造型圆环（8mm，弯头，金色）⋯2 个
Ⓖ 耳环配件（附环，哑光金）⋯1 对

所需工具

• 平口钳
• 圆口钳

制作方法

制作配饰

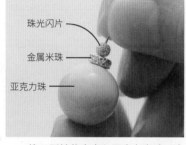

珠光闪片
金属米珠
亚克力珠

1 将 T 形针依次穿入亚克力米珠、金属米珠和珠光闪片。

2 用圆口钳弄圆 T 形针的前端（参照 P12）。

连接配饰

3 打开 T 形针的环圈，接着将其连接在金属戒指配饰上，然后闭合环圈。

连接金属配件

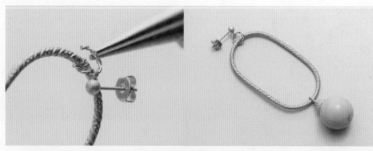

4 用造型圆环将耳环配件连接在金属戒指配饰上（参照 P13）。按照同样的方法制作另一只耳环。

进行改造

打开 T 形针的环圈，连接耳环配件。

12 大颗亚克力米珠紧密相连的手链，其中的金属配饰是点睛之笔。

卡其色大颗玉石手链

可使用相同的配饰 --> 详见 **P74**

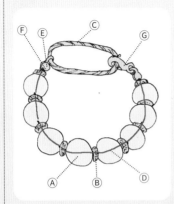

所需材料

- Ⓐ 亚克力珠（16mm，卡其色）…8 个
- Ⓑ 金属米珠（约 5.5mm，哑光金）…9 个
- Ⓒ 金属戒指配饰（约 42mm×25mm，哑光金）…1 个
- Ⓓ 渔线（2 号，0.23mm）…50cm
- Ⓔ 定位珠（外径 1.5mm，金色）…2 个
- Ⓕ 包扣（内径约 3mm，哑光金）…2 个
- Ⓖ 虾扣（金色）…1 个

所需工具

- 平口钳
- 圆口钳

Cute & Romantic

制作方法

处理渔线的末端

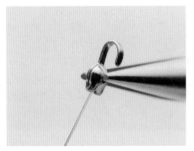

1 在渔线的前端穿入定位珠和包扣，接着用平口钳压平定位珠，然后闭合包扣（参照 P15）。

穿入配饰

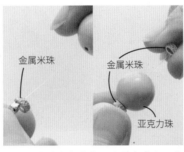

金属米珠
金属米珠
亚克力珠

2 在渔线上交替穿入金属米珠和亚克力珠。

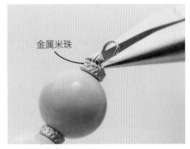

金属米珠

3 按照步骤 1 的方法，压平定位珠后，闭合包扣。

安装金属配件

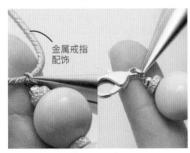

金属戒指配饰

4 用包扣的卡钩连接金属戒指配饰，并闭合卡钩。连接虾扣，再闭合卡钩。

进行改造

卡其色手链

【所需材料】

- 亚克力米珠（16mm，卡其色）…5 个
- 金属米珠（约 5.5mm，哑光金）…6 个
- 土耳其产饰品（约 16mm×13mm，古赫梯太阳神）…1 个
- 链条（哑光金）…11cm
- 渔线（2 号，0.23mm）…50cm
- 定位珠（外径 1.5mm，金色）…1 个
- 造型圆环（8mm，弯头，金色）…1 个
- 虾扣（金色）…1 个

【制作方法】

① 参照步骤 1~3 制作配饰。
② 将链条连接在配饰一端，再闭合卡钩。
③ 用造型圆环将土耳其产饰品连接在链条的前端。
④ 将虾扣连接在配饰另一端，再闭合卡钩。

手链
13

项链
14

编织 → 连接

蕾丝珍珠手链 &
蕾丝珍珠项链

▶制作方法详见 **P78**、**79**

手链 发带
15 **16**

穿入 → 编织

三股辫米珠手链 &
三股辫米珠发带

▶制作方法详见 P80、81

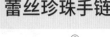

13

将蕾丝与珍珠相搭配，更显浪漫气息。

蕾丝珍珠手链

可使用相同的配饰 --> 详见 P52、67、79、119

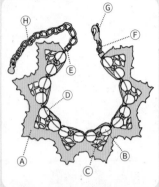

所需材料

- Ⓐ 蕾丝（宽25mm，金色）…约17cm
- Ⓑ 丝状珍珠（8mm，白色）…16 个
- Ⓒ 金属米珠（2mm，金色）…8 个
- Ⓓ 金属线…约40cm
- Ⓔ 定位珠（2mm，金色）…2 个
- Ⓕ 圆环（0.6mm×3mm，金色）…2 个
- Ⓖ 虾扣（12mm×6mm，金色）…1 个
- Ⓗ 延长链（金色）…6cm

所需工具

- 平口钳
- 圆口钳
- 钳子
- 剪刀
- 防磨加固液

制作方法

制作花瓣

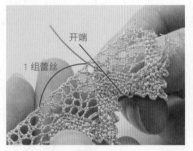

1 在一组山形蕾丝的开端，从边缘的缝隙穿入金属线。

2 依次按照丝状珍珠、金属米珠、丝状珍珠的顺序穿入金属线。

3 将金属线穿入背面，并从相邻的山形蕾丝的开端处穿出。

处理金属线的末端

4 重复步骤2和3，共给8组山形蕾丝添加配件。

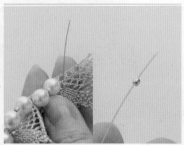

5 将定位珠穿入金属线。

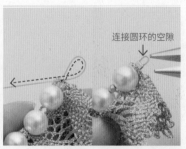

6 将金属线翻转，再穿入定位珠，预留出连接圆环的空隙，再用平口钳压平定位珠。

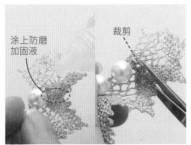
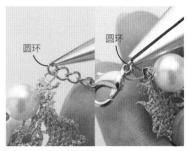

涂上防磨
加固液

裁剪

圆环

圆环

安装金属配件

7 在步骤 6 中翻折的金属线上穿入 2 个丝状珍珠进行加固，接着用钳子剪去剩余的金属线。

8 沿着山形蕾丝涂上防磨加固液，放置干燥后，从涂抹防磨加固液的边缘剪断蕾丝。按照步骤 6~8 处理金属线的另一端。

9 分别用圆环将延长链和虾扣连接在金属线两端（参照 P13）。

---

14 可大胆选择自己喜欢的色系。

蕾丝珍珠项链

可使用相同的配饰 ➡ 详见 P52、67、78、119

所需材料

Ⓐ 蕾丝（宽 25mm，金色）…约 30cm
Ⓑ 丝状珍珠（8mm，白色）…28 个
Ⓒ 金属米珠（2mm，金色）…14 个
Ⓓ 金属线…约 60cm
Ⓔ 定位珠（2mm，金色）…2 个
Ⓕ 圆环（0.6mm×3mm，金色）…2 个
Ⓖ 虾扣（12mm×6mm，金色）…1 个
Ⓗ 延长链（金色）…6cm

所需工具

• 平口钳
• 圆口钳
• 钳子
• 剪刀
• 防磨加固液

Cute & Romantic

制作蕾丝

15 组山形蕾丝

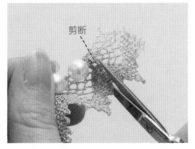

剪断

安装金属配件

用圆环连接

1 参考蕾丝珍珠手链的制作步骤 1~4，用金属线固定丝状珍珠和金属米珠。重复此步骤，共给 15 组山形蕾丝添加配饰。

2 与蕾丝珍珠手链的制作步骤 5~8 相同，用定位珠处理金属线边缘，并从涂抹防磨加固液的边缘剪断蕾丝。

3 分别用圆环将延长链和虾扣连接在金属线两侧（参照 P13）。

15 三股辫米珠手链

仅需将6根渔线穿入米珠即可完成饰品的制作。制作方法没有想象得那么困难。

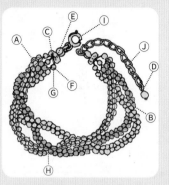

可使用相同的配饰 ···> 详见 P81

所需材料

Ⓐ 米珠a（3mm，粉色）···220个
Ⓑ 米珠b（2.5mm，哑光粉）···141个
Ⓒ 金属米珠（10mm，金色）···2个
Ⓓ 珠针（0.5mm×20mm，金色）···1根
Ⓔ 包扣（内径2mm，金色）···2个
Ⓕ 定位珠（外径1.5mm，金色）···8个
Ⓖ 定位珠扣（2.3mm，金色）···6个
Ⓗ 渔线（2号，0.23mm）···50cm，6根

Ⓘ 弹簧扣（5.5mm，金色）···1个
Ⓙ 延长链（金色）···6cm

所需工具

- 平口钳
- 圆口钳
- 钳子
- 透明胶带

 制作方法

处理渔线末端

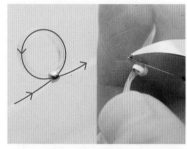

1 并拢6根渔线，并穿入定位珠和包扣，绕一圈后再次穿入定位珠并拉紧，然后压平定位珠。再用钳子剪下多余部分。

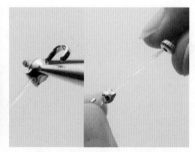

2 用平口钳闭合包扣，接着穿入一个金属米珠。

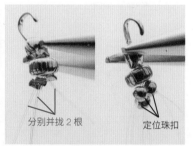

分别并拢2根　　　定位珠扣

3 分别将2根渔线并拢再穿入定位珠，接着用平口钳压平定位珠。将定位珠扣穿入渔线盖住定位珠，然后用平口钳闭合定位珠扣。

穿入米珠

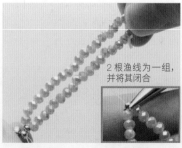

2根渔线为一组，并将其闭合

4 将步骤3中的左右4根渔线分别穿入55个米珠a。穿好米珠后，同步骤3，以相邻2根渔线为一组，穿入定位珠并将其压平，接着盖上定位珠扣，再将其闭合。

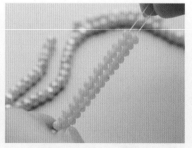

5 将步骤3中的中间2根渔线分别穿入70个米珠b。穿好米珠后，同步骤3，以2根渔线为一组，穿入定位珠并将其压平，接着盖上定位珠扣，再将其闭合。

编织配饰

6 将步骤4和5完成的3束渔线配饰编成三股辫。可在编织时用透明胶带固定住最端，这样更便于操作。

穿入米珠

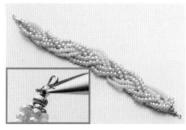

7 编好后并拢所有渔线，并穿入金属米珠，接着穿入定位珠和包扣。然后压平定位珠，最后剪去多余的渔线，再闭合包扣。

8 将米珠b穿入珠针，并用圆口钳弄圆前端（参照P12）。接着打开珠针的环圈，将珠针配饰连接在延长链的前端，再闭合环圈。

9 分别将延长链和弹簧扣连接在步骤7的包扣的卡钩上，并闭合卡钩。

---

16 仅需将米珠三股辫连上绸带即可变成发带。

三股辫米珠发带

可使用相同的配饰 ···> 详见 **P80**

所需材料

- Ⓐ 米珠a（3mm，粉色）···220 个
- Ⓑ 米珠b（2.5mm，哑光粉）···140 个
- Ⓒ 金属米珠（10mm，金色）···2 个
- Ⓓ 包扣（内径2mm，金色）···2 个
- Ⓔ 定位珠（外径1.5mm，金色）···8 个
- Ⓕ 定位珠扣（2.3mm，金色）···6 个
- Ⓖ 渔线（2号，0.23mm）···50cm，6 根
- Ⓗ 马甲扣（10mm，金色）···2 个
- Ⓘ 绸带（宽9mm，黑色）···51cm，2 根

所需工具

- 平口钳
- 圆口钳
- 钳子

制作方法

制作配饰

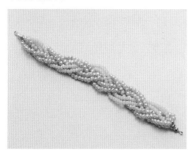

1 参考三股辫米珠手链的制作步骤1~7制作配饰。

安装金属配件

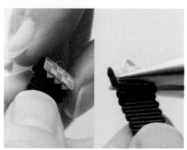

2 在绸带两端装嵌马甲扣，并用圆口钳扣紧加以固定。

3 将配饰一端的包扣卡钩连接马甲扣的环圈，接着闭合卡钩。按此步骤安装另一侧。

项链 手链 耳钉

17 18 19

编织 → 连接

双子星项链 & 双子星手链 & 双子星金色耳钉 ▶制作方法详见 P84～87

耳环 **20** | 项链 **21** | 连接

花饰耳环 & 花饰项链 制作方法详见 P88、89

17 挂胸款项链，洋溢着浪漫的气息。

双子星项链

可使用相同的配饰 ⋯➔ 详见 P20、86、87、131

所需材料

Ⓐ 星星款施华洛世奇水晶 a（10mm，#4745，深银色）…1 个

Ⓑ 星星款施华洛世奇水晶 b（5mm，#4745，玫瑰金）…1 个

Ⓒ 底托 a（10mm，#4745 用）…1 个

Ⓓ 底托 b（5mm，#4745 用）…1 个

Ⓔ 丝状珍珠 a（6mm，香槟金）…1 个

Ⓕ 丝状珍珠 b（4mm，奶白色）…3 个

Ⓖ 丝状珍珠 c（4mm，香槟金）…1 个

Ⓗ 丝状珍珠 d（3mm，奶白色）…1 个

Ⓘ 丝状珍珠 e（3mm，香槟金）…1 个

Ⓙ 大颗圆珠（金色）…4 个

Ⓚ 种珠（迷你，银色）…约 20 个

Ⓛ 棉花珍珠（10mm，双孔，浅黄色）…1 个

Ⓜ 渔线（2 号）…50cm

Ⓝ T 形针（0.5mm×20mm，金色）…1 根

Ⓞ 图形针（金色）…1 根

Ⓟ 瓜子扣（小号）…1 个

Ⓠ 链条（金色）…40cm

Ⓡ 延长链（金色）…5cm

Ⓢ 圆环（0.6mm×3mm，金色）…1 个

Ⓣ C 环（0.5mm×3mm，金色）…2 个

Ⓤ 虾扣（金色）…1 个

Ⓥ 包扣（金色）…2 个

Ⓦ 耳坠配件（多孔托片，附双环，金色）…1 个

所需工具 ●平口钳 ●圆口钳 ●钳子 ●纸巾 ●黏着剂

制作方法

镶嵌水晶

用平口钳弯折爪托

1 分别将星星款施华洛世奇水晶 a、b 嵌入底托 a、b，并用平口钳弯折爪托加以固定。

用渔线编织配饰

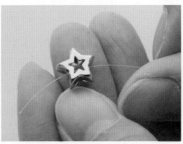

2 将渔线穿入底托 a。

3 将星星款施华洛世奇水晶 a 配饰放在图片对应的位置，将渔线两端分别穿入多孔托片中相邻的孔内，并在背面系结 2 次左右（参照 P178 的步骤 2）。

星星款施华洛世奇 a
星星款施华洛世奇 b

4 将渔线的一端穿出多孔托片，接着穿入底托 b，然后穿入多孔托片中相邻孔内，并在背面系结 2 次左右。将其固定在图片对应的位置。

丝状珍珠 b
丝状珍珠 a

5 按照步骤 3~4 的方法，固定丝状珍珠 a、b。

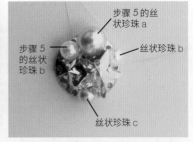

步骤 5 的丝状珍珠 a
丝状珍珠 b
步骤 5 的丝状珍珠 b
丝状珍珠 c

6 按照同样的方法分别固定丝状珍珠 b、c。每固定一个珍珠，均需在背面将渔线系结 2 次左右。

丝状珍珠 e

丝状珍珠 d

大颗圆珠

大颗圆珠

7 按照同样的方法分别固定丝状珍珠 d、e。固定 4 个大颗圆珠，以填补多孔托片上的空隙。每固定一个材料，均需在背面将渔线系结 2 次左右。

用种珠填补空隙

8 用种珠遮盖空隙。每 3 个种珠为一组放在一起，接着在背面系结 2 次左右。用钳子剪去多余的渔线。（在渔线的系结处涂上黏着剂可增加牢固度）。

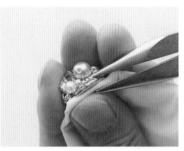

9 装嵌上多孔托片的盖子，并用平口钳弯折爪托加以固定。操作时可用纸巾等垫在平口钳和盖子之间，防止受伤。

安装瓜子扣

处理链条末端

10 将图形针穿入棉花珍珠，接着用圆口钳弄圆前端（参照 P12），并连接多孔托片的环圈。

11 将瓜子扣连接多孔托片的环圈，并用圆口钳闭合。

12 将包扣装嵌在链条两端，并用圆口钳闭合。

穿入 T 形针

安装金属配件

13 将链条穿入瓜子扣。

圆环

14 将 T 形针穿入丝状珍珠 b，并用圆口钳弄圆前端。接着用圆环将其连接在延长链的一端（参照 P13）。

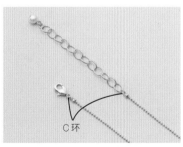

C 环

15 分别用 C 环将虾扣和延长链连接在链条的两端。

Cute & Romantic

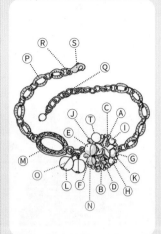

18

挂胸款项链，洋溢着浪漫的气息。

双子星手链

可使用相同的配饰 ⟶ 详见 P84、87

所需材料

- Ⓐ 星星款施华洛世奇水晶 a（10mm，#4745，深银色）…1 个
- Ⓑ 星星款施华洛世奇水晶 b（5mm，#4745，玫瑰金）…1 个
- Ⓒ 底托 a（10mm，#4745 用）…1 个
- Ⓓ 底托 b（5mm，#4745 用）…1 个
- Ⓔ 丝状珍珠 a（6mm，香槟金）…1 个
- Ⓕ 丝状珍珠 b（4mm，奶白色）…3 个
- Ⓖ 丝状珍珠 c（4mm，香槟金）…1 个
- Ⓗ 丝状珍珠 d（3mm，奶白色）…1 个
- Ⓘ 丝状珍珠 e（3mm，香槟金）…1 个
- Ⓙ 大颗圆珠（金色）…4 个
- Ⓚ 种珠（迷你，银色）…约 20 个
- Ⓛ 棉花珍珠（6mm，双孔，浅黄色）…2 个
- Ⓜ 水钻款配饰（椭圆，14mm×11mm，银色）…1 个
- Ⓝ 渔线（2 号）…50cm
- Ⓞ T 形针（0.5mm×20mm，金色）…3 根
- Ⓟ 链条（金色）…5cm，2 条
- Ⓠ 延长链（金色）…4.5cm
- Ⓡ C 环（0.5mm×3mm，金色）…5 个
- Ⓢ 虾扣（金色）…1 个
- Ⓣ 耳坠配件（多孔托片，双环，金色）…1 个

所需工具

• 平口钳　• 圆口钳　• 钳子　• 纸巾　• 黏着剂

制作方法

制作配饰

1 参考双子星项链的制作步骤 1~9（P84、P85），制作配饰。

2 将 T 形针穿入棉花珍珠，接着用圆口钳弄圆前端（参照 P12）。按此步骤制作出另一个配件。

3 打开 C 环，并穿入 2 个棉花珍珠配件，接着连接在多孔托片的环圈上。

安装金属配件

4 用步骤 3 中的 C 环将水钻款配饰连接在多孔托片的环圈上。

5 用 C 环将 2 条链条的一端分别连接在多孔托片和水钻款配饰的另一端。

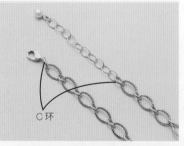

6 参考双子星项链的制作步骤 14 制作丝状珍珠 b 配饰并连接在延长链一端（P85）。分别用 C 环将虾扣和延长链的另一端连接在链条的另一端。

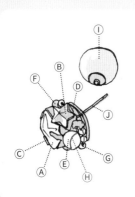

19

外形仿佛一个球面，亮闪闪的，绚丽十足！

双子星金色耳钉

可使用相同的配饰 ···> 详见 P84、86

【所需材料】

- Ⓐ 星星款施华洛世奇水晶 a（10mm，#4745，深银色）···2 个
- Ⓑ 星星款施华洛世奇水晶 b（5mm，#4745，玫瑰金）···2 个
- Ⓒ 底托 a（10mm，#4745 用）···2 个
- Ⓓ 底托 b（5mm，#4745 用）···2 个
- Ⓔ 丝状珍珠（4mm，香槟金）···2 个
- Ⓕ 大颗圆珠（金色）···6 个
- Ⓖ 种珠（迷你，银色）···14 个
- Ⓗ 渔线（2 号）···30cm，2 根
- Ⓘ 圆球耳夹（金色）···1 对
- Ⓙ 耳环配件（多孔托片，金色）···1 对

【所需工具】

- 平口钳
- 纸巾

用渔线编固配饰

1 参考双子星项链的制作步骤 1~3，将渔线穿入底托 a，接着将其固定在多孔托片上，并在背面将渔线系结 2 次左右。将其固定在图片对应的位置。

星星款施华洛世奇水晶 a

星星款施华洛世奇水晶 b

2 将渔线的一端穿出多孔托片，接着穿入底托 b，然后穿入多孔托片相邻孔内，并在背面系结 2 次左右。将其固定在图片对应的位置。

3 将渔线的一端穿出多孔托片，并将丝状珍珠固定在星星款施华洛世奇水晶 a 左上方，并在背面将渔线系结 2 次左右。

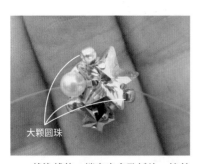

大颗圆珠

4 将渔线的一端穿出多孔托片，接着固定 3 个大颗圆珠，以填补多孔托片的空隙。每固定一个大颗圆珠，均需在背面将渔线系结 2 次左右。

用种珠填补空隙

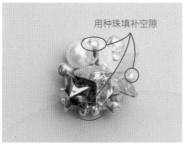

5 将渔线的一端穿出多孔托片，并用种珠遮盖空隙。然后剪下多余的渔线即可。

安装金属配件

6 装嵌多孔托片的盖子，并用平口钳弯折爪托加以固定。操作时可用纸巾等垫于平口钳和盖子之间，防止受伤。

Cute & Romantic

20

搭配与复古花饰相称的棉花珍珠，更显优雅气质。

花饰耳环

可使用相同的配饰 —→ 详见 P29、46、47、69、89、122

所需材料

Ⓐ 花朵饰件（20mm×12mm，金色）…2 个
Ⓑ 棉花珍珠（6mm，双孔，白色）…2 个
Ⓒ T 形针（0.6mm×15mm，金色）…2 根
Ⓓ 圆环（0.6mm×3mm，金色）…4 个
Ⓔ 耳环配件（U 形，金色）…1 对

所需工具

• 平口钳
• 圆口钳

 制作方法

制作配饰

1 将 T 形针穿入棉花珍珠，并用圆口钳弄圆前端（参照 P12）。

2 打开 T 形针的环圈，将其连接在花朵饰件的下方，并闭合环圈。

安装金属配件

3 将圆环连接在花朵饰件的上方，并闭合圆环（参照 P13）。

4 在圆环处再装上一个圆环，并连接耳环配件的环圈。按照同样的方法制作另一只耳环。

进行改造

将材料 B 换成底扣饰物（7mm×5mm、金色）。

21

戴上点缀有珍珠的精美项链，更显华丽！

花饰项链

可使用相同的配饰 ⟶ 详见 P52、88

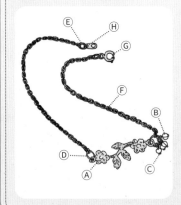

所需材料

- Ⓐ 花朵饰件（26mm×11mm，金色）…1 个
- Ⓑ 丝状珍珠（6mm，白色）…4 个
- Ⓒ T 形针（0.6mm×15mm，金色）…4 根
- Ⓓ 圆环（0.7mm×4mm，金色）…2 个
- Ⓔ C 环（0.5mm×2mm×3mm，金色）…2 个
- Ⓕ 链条（金色）…20cm，2 条
- Ⓖ 弹簧扣（6mm，金色）…1 个
- Ⓗ 圆环板扣（3mm×8mm，金色）…1 个

所需工具

- 平口钳
- 圆口钳

制作方法

制作配饰

1 将 T 形针穿入棉花珍珠，并用圆口钳弄圆前端（参照 P12）。重复此步骤制共制作出 4 个配饰。

连接配饰

2 用圆环将花朵饰件连接在 2 条链条的一端（参照 P13）。

3 打开步骤 1 中的 T 形针的环圈，并连接步骤 2 中的右侧的圆环，再闭合环圈。

安装金属配件

C环

4 分别用 C 环将弹簧扣、圆环板扣连接在 2 条链条的另一端。

进行改造

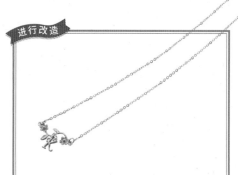

- 同制作步骤 1~2。
- 用圆环将字母饰品（9.2mm×7mm，金色）连接在花朵饰件中央。

Cute & Romantic

耳环	包包挂饰
22	23

22 粘贴 → 连接 23 连接

后挂毛球耳环 &
毛球包包挂饰

▶制作方法详见 P92、93

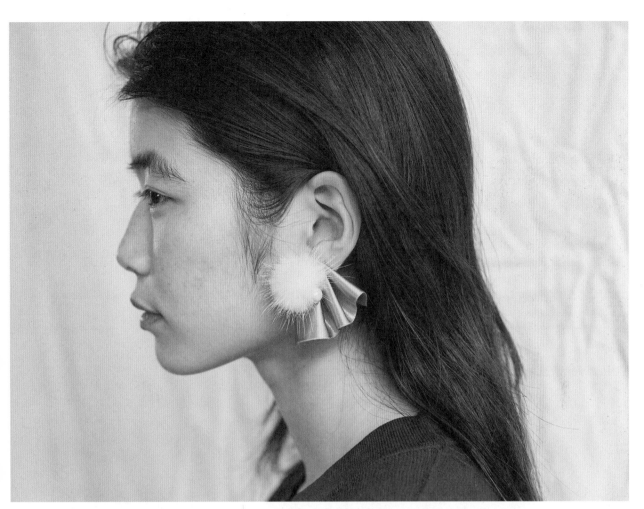

耳环
24
鞋夹
25

缝固 → 粘贴

毛球 × 垂褶缎带耳环 &
毛球 × 垂褶缎带鞋夹
▶制作方法详见 P94、95

22

将俏皮、毛茸茸的毛球别于耳后，非常可爱。

后挂毛球耳环

可使用相同的配饰 ⋯> 详见 **P94、95**

所需材料

Ⓐ 貂毛球（30mm，附环，橙红色）⋯2 个

Ⓑ 树脂爪钻（3mm，薄荷绿）⋯3 节，2 个

Ⓒ 施华洛世奇爪钻（3mm，#110 乳白色）⋯3 节，4 个

Ⓓ 圆环（0.7mm×4mm，金色）⋯2 个

Ⓔ 耳环配件（6mm，圆形托片，金色）⋯1 对

所需工具

• 平口钳

• 圆口钳

• 黏着剂

• 牙签

制作方法

黏着配饰

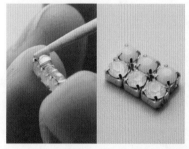

1 在施华洛世奇爪钻的侧面薄薄地涂抹一层黏着剂，接着贴固在树脂爪钻上（参照 P14）。

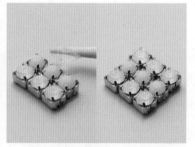

2 在步骤 1 的树脂爪钻的侧面薄薄地涂抹一层黏着剂，并贴固在另一施华洛世奇爪钻上。

安装金属配件

3 在耳环配件的圆形托片上薄薄地涂抹一层黏着剂，再贴固于步骤 2 饰品的背面。

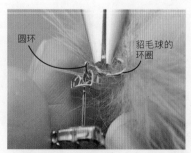

圆环

貂毛球的环圈

4 打开圆环，穿入貂毛球的环圈，接着连接在耳环配件上，并将圆环闭合。按照同样的方法制作另一只耳环。

23 软乎乎的毛球与珍珠、流苏相称，组合成令人眼前一亮的包包挂饰。

毛球包包挂饰

可使用相同的配饰 → 详见 P39

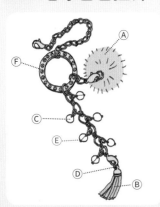

所需材料

Ⓐ 貂毛球（50mm，附环，水蓝色）…1 个
Ⓑ 绒面流苏（附环，粉色）…1 个
Ⓒ 树脂珍珠（8mm，白色）…6 个
Ⓓ 圆环（0.8mm×5mm，金色）…1 个
Ⓔ T 形针（0.6mm×15mm，金色）…6 根
Ⓕ 包包挂饰（19mm，金色）…1 个

所需工具

• 平口钳
• 圆口钳

制作方法

制作配饰

1 将 T 形针穿入树脂珍珠，并用圆口钳弄圆前端（参照 P12）。重复此步骤共制作出 6 个配饰。

连接配饰

在此处连接毛球

2 打开包包挂饰短边链条上的虾扣，穿入貂毛球的环圈，再将虾扣闭合。

3 打开 T 形针的环圈，每间隔一个链圈连接一个树脂珍珠配饰，然后闭合 T 形针的环圈。

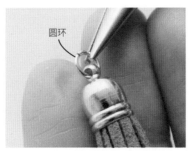

圆环

4 将绒面流苏穿入圆环（参照 P13）。

5 打开包包挂饰长边链条上的虾扣，穿入步骤 4 中的圆环，并将虾扣闭合。

Cute & Romantic

93

24 在毛球下方点缀水晶与珍珠，加上垂褶缎带，更能体现出温婉气质。

毛球 X 垂褶缎带耳环

可使用相同的配饰 ⋯⋯> 详见 P92、95

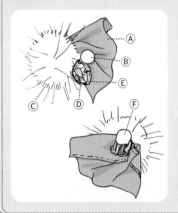

所需材料

Ⓐ 缎带（宽36mm，粉色）⋯10cm，2根
Ⓑ 棉花珍珠（8mm，单孔，白色）⋯2个
Ⓒ 貂毛球（30mm，附环，白色）⋯2个
Ⓓ 施华洛世奇水晶（#4320）⋯2个
Ⓔ 底托（#4320用）⋯2个
Ⓕ 耳环配件（附圆形托片，金色）⋯1对

所需工具

• 剪刀
• 针
• 线（粉色）
• 黏着剂
• 线夹

制作方法

安装毛球

1 将缎带的一端（宽约5mm）向背面翻折，用蛇腹折法制作出垂褶缎带。

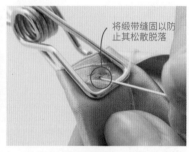

将缎带缝固以防止其松散脱落

2 用线夹按压缎带，在蛇腹折处扎针，接着用线缝固蛇腹折。

3 取下线夹，将貂毛球的环圈穿入针线，接着缝线，收尾打结（参照P16）。

安装饰品

4 将施华洛世奇水晶装嵌入底托内（参照P16）。接着在底托的背面涂满黏着剂，并贴固在缎带上（参照P14）。

5 按照同样的方法将棉花珍珠的一面涂满黏着剂。注意，孔朝下。

安装金属配件

6 在耳环配件的圆形托片上涂满黏着剂，并贴固在缎带上。按照同样的方法制作另一只耳环。

25

可根据时间和场合拆卸鞋夹。

毛球 X 垂褶缎带鞋夹

可使用相同的配饰 ⟶ 详见 P92、94

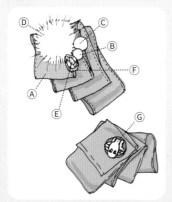

所需材料

- Ⓐ 缎带（宽36mm，粉色）…10cm，2 根
- Ⓑ 棉花珍珠 a（8mm，单孔，白色）…2 个
- Ⓒ 棉花珍珠 b（10mm，单孔，白色）…2 个
- Ⓓ 貂毛球（30mm，附环，白色）…2 个
- Ⓔ 施华洛世奇水晶（#4320）…2 个
- Ⓕ 底托（#4320 用）…2 个
- Ⓖ 鞋夹配件（金色）…1 对

所需工具

- 平口钳
- 剪刀
- 针
- 线（粉色）
- 黏着剂
- 线夹
- 锥子
- 笔

制作方法

Cute & Romantic

安装金属配件

1 单手握紧缎带制作垂褶。每褶错开 8mm~1cm，同时呈一定角度进行蛇腹折。

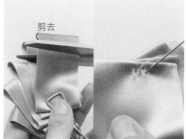

剪去

2 用线夹按压住缎带。若有多余的缎带偏移至外缘，则将其剪去，接着用针线缝固缎带。

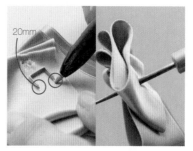

20mm

3 放上鞋夹配件以确认打孔位置，并用笔做标记。接着用锥子在标记处打孔。

4 在打孔处插嵌鞋夹配件，接着翻转缎带并放置配套的毡和金属配件，再用平口钳压固爪托。

5 将缎带翻转至正面，并将貂毛球的环圈穿入缝线。注意，毛球位于缎带中央。

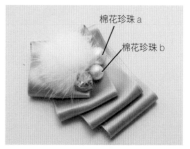

棉花珍珠 a
棉花珍珠 b

6 将施华洛世奇水晶装嵌入底托内（参照 P16）。接着在缎带恰当位置涂满黏着剂，并贴固上施华洛世奇水晶和棉花珍珠 a、b。最后将棉花珍珠的孔朝下。

涂料 → 连接

水滴状甲花耳环 & 水滴状甲花手链 ▶制作方法详见 P98～101

涂料 → 连接

花瓣甲花项链 & 花瓣甲花耳环 ▶制作方法详见 P102～104

26

只用美甲印花板即可做出精致的款式。水滴状甲花耳环是一款纯真风格的饰品。

水滴状甲花耳环

可使用相同的配饰 ···➔ 详见 P100

所需材料

- Ⓐ 美甲油（烤奶色，金色，奶栗色）···均适量
- Ⓑ 美甲亮油（白色，茶色）···均适量
- Ⓒ 金属线（0.32mm，金色）···适当长度
- Ⓓ UV 树脂（硬款）···适量
- Ⓔ 木珠（4mm，浓茶色）···2 个
- Ⓕ 施华洛世奇珍珠（4mm，科罗拉多浅黄玉）···1 个
- Ⓖ T 形针（0.5mm×20mm，金色）···1 根
- Ⓗ 圆环（0.7mm×4mm，金色）···3 个
- Ⓘ 耳环配件（附环，金色）···1 对

所需工具

- 平口钳
- 钳子
- UV 灯
- 洗甲水
- 棒
- 刮刀
- 美甲笔刷
- 美甲印花板
- 美甲压花棒
- 圆口钳
- 镊子
- 海绵片
- 棉签

制作金属线框缘

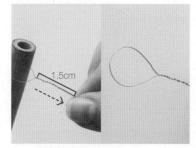

1 将金属线缠绕在直径约 13mm 的棒上，然后合拢并拧出约 1.5cm 的长度。接着拉伸金属线至呈水滴形状。

制作配饰 A

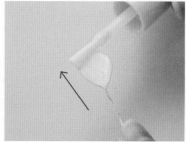

2 用美甲笔刷将美甲油（烤奶色）从下向上快速涂抹在金属线框缘上。若缓慢涂抹则会使膜破损。

3 将金属线扎于海绵片上方，放置15~20 分钟，待美甲油干燥。

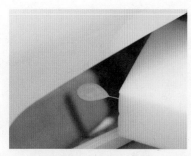

4 在美甲油上方叠涂 UV 树脂，并用UV 灯照射约 2 分钟，使其固化。

5 在美甲印花板（刻有多款印花的美甲装饰）上涂抹美甲亮油（茶色）。

6 用刮刀刮去多余的美甲亮油，并用美甲压花棒转印印花。

制作配饰 B

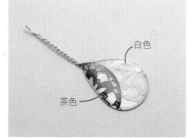

白色

茶色

7 将步骤 4 的配饰盖在美甲压花棒上用来转印花。接着用棉签蘸些洗甲水，擦去周围的多余部分，使印花更加干净整洁。

8 用美甲笔刷蘸取美甲油（金色）涂在印花的边缘，接着在美甲油（金色）表面再次叠涂一层 UV 树脂，并用 UV 灯照射约 2 分钟，使其固化。这样一来，配饰 A 就制作完成了。

9 重复步骤 1，制作另一金属线框缘。将 UV 树脂涂抹在金属线框缘上，并用 UV 灯照射进行固化。同制作步骤 5~7，再用美甲亮油（茶色和白色）涂抹印花，并用 UV 灯照射约 2 分钟，使其固化。

制作配饰 C

连接配饰

留 7mm

3mm

10 重复步骤 1，制作另一金属线框缘。以美甲油（奶栗色）为底层，涂抹在金属线框缘上，接着再叠涂一层 UV 树脂，并用 UV 灯照射，进行固化。

11 将木珠穿入配饰 A、B 的金属线，并留约 7mm 金属线后剪去剩余部分，接着用平口钳弄圆前端（参照 P12）。

12 将配饰 C 的金属线留约 10mm 后剪去剩余部分，接着用平口钳弄圆前端。环圈距金属线框缘约 3mm。

安装金属配件

圆环

13 用镊子在配饰 A 的底端开孔。若使用锥子可能导致配饰碎裂，因此建议用镊子开孔。

14 将施华洛世奇珍珠穿入 T 形针，接着用平口钳弄圆前端，并用圆环将其与配饰 A 连接（参照 P13）。

15 分别用圆环将配饰 A、B 与耳环配件，配饰 C 与耳环配件相连。

由麻绳制作而成，可灵活调节尺寸的手链。

水滴状甲花手链

可使用相同的配饰 ⋯> 详见 P98

所需材料

Ⓐ 美甲油（烤奶色，金色，奶栗色）⋯均适量

Ⓑ 美甲亮油（白色，茶色）⋯均适量

Ⓒ 金属线（0.32mm，金色）⋯适当长度

Ⓓ UV 树脂（硬款）⋯适量

Ⓔ 蜡绳（1.2mm，原色）⋯25cm，2 根

Ⓕ 木珠（4mm，浓茶色）⋯5 个

Ⓖ 施华洛世奇珍珠（4mm，科罗拉多浅黄玉）⋯1 个

Ⓗ 星星饰件（水晶）⋯1 个

Ⓘ 四合扣（2mm，金色）⋯2 个

Ⓙ 9 字针（0.7mm×20mm，金色）⋯2 根

Ⓚ T 形针（0.6mm×20mm，金色）⋯1 根

Ⓛ 圆环（0.7mm×4mm，金色）⋯3 个

所需工具

• 平口钳 • 圆口钳
• 钳子 • 镊子
• UV 灯 • 海绵片
• 棉签 • 棒
• 洗甲水
• 美甲印花板
• 美甲压花棒
• 刮刀
• 美甲笔刷

制作方法

制作配饰 A、B、C

配饰 A   配饰 B   配饰 C

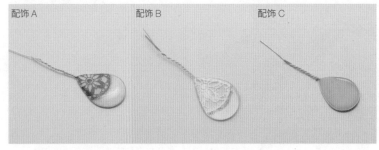

1 参考水滴状甲花耳环的制作步骤 1~9 和步骤 10（P98~99），分别制作配饰 A、B、C。其中，配饰 A 参照步骤 1~8 制作；配饰 C 参照步骤 10 制作；配饰 B 则用 UV 树脂涂抹，并用 UV 灯进行固化，接着将美甲亮油（茶色和白色）换成美甲油（白色），然后按照配饰 A 的印花制作方式制作印花。

2 将配饰 A、B、C 的金属线留约 7mm 后剪去剩余部分，并用平口钳弄圆前端（参照 P12）。

处理蜡绳末端

将蜡绳系结

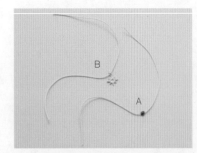

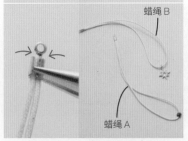

蜡绳 B

蜡绳 A

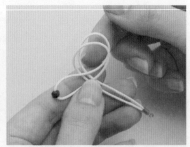

3 分别将星星饰件和木珠穿入蜡绳。

4 分别将蜡绳对半后再合拢两端，并盖上四合扣，接着用平口钳压固。分别制作出蜡绳 A、蜡绳 B。

5 按图示动作弯曲蜡绳 A，并单手握紧蜡绳 A。

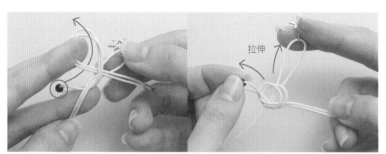

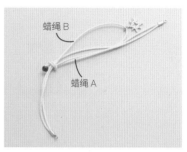

6 在蜡绳 A 的交叉处叠放蜡绳 B，将蜡绳 A 的木珠从环圈下方穿入（如左图所示），接着同时拉住木珠和星星饰件，并将结系紧。

7 系紧后蜡绳的样子。

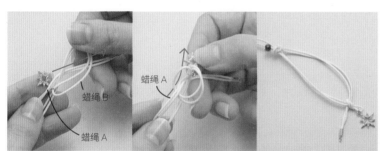

制作配饰

8 将蜡绳 B 绕成一个圆圈，接着将饰件穿入蜡绳 A 的下方，再穿入圈内，然后拉紧圆圈。

9 分别将 1 个木珠和 3 个木珠穿入 2 根 9 字针，并用圆口钳弄圆前端。接着将施华洛世奇珍珠穿入 T 形针，再用圆口钳弄圆前端。

连接配饰

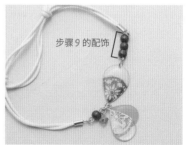

10 打开只有 1 个木珠的 9 字针的环圈，并连接上四合扣的环圈。

11 将配饰 A、B、C 和步骤 9 的施华洛世奇珍珠配饰分别穿入圆环内，并连接在步骤 10 的木珠配饰上。

12 按照水滴状甲花耳环的制作步骤13，用镊子在配饰 A 的底端开孔。接着用圆环将其与步骤 9 的 3 个木珠配饰相连，最后将 3 个木珠配饰的另一端连接另一边的四合扣。

101

28 花瓣甲花项链

由甲花塑形而成的不对称花瓣可凸显独特的个性。

可使用相同的配饰 ⟶ 详见 P104

所需材料

Ⓐ 美甲油（白色，粉色，蓝色）···均适量

Ⓑ 金属线（0.32mm，金色）···适当长度

Ⓒ UV 树脂（硬款）···适量

Ⓓ 施华洛世奇珍珠（5mm，米粉色）···5 个

Ⓔ 底扣饰物···1 个

Ⓕ 叶片饰件···1 个

Ⓖ 9 字针（0.7mm×40mm，金色）···1 根

Ⓗ 圆环（0.6mm×3mm，金色）···5 个

Ⓘ 链条（金色）···43cm，2 条

Ⓙ 延长链（金色）···5cm

Ⓚ 弹簧扣（6mm，金色）···1 个

所需工具

• 平口钳
• 圆口钳
• 美甲笔刷
• 海绵片
• 棒
• 钳子
• UV 灯

制作方法

制作金属线框缘

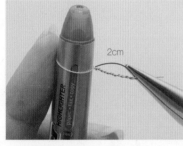

1 将金属线缠绕在直径约 12mm 的棒上，合拢两端并拧出约 2cm 的长度。

2 将金属线从棒上取出，接着用平口钳压平。

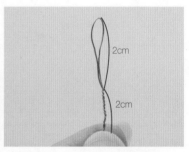

3 压平后，未拧紧部分如图所示。

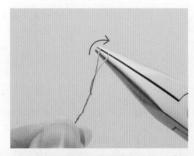

4 用平口钳夹住金属线的前端，并轻轻将其翻折。

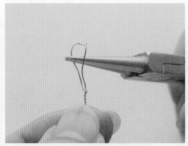

5 将圆口钳穿入金属线中间。

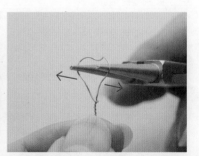

6 用圆口钳撑开金属线，将其做成花瓣形状。

制作配饰

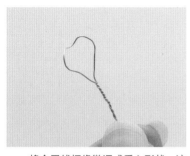

7 将金属线框缘微调成爱心形状，这样制成的花瓣会更加可爱。

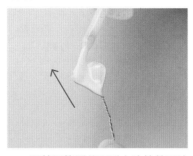

8 用美甲笔刷从下到上涂抹美甲油（白色）。接着将金属线扎于海绵片上方，并放置待其干燥。

9 再次叠涂一层美甲油（白色），趁其完全干燥前，用美甲油（粉色）在金属线缘框前端上色。接着将金属线扎于海绵片上方，待其干燥后叠涂一层 UV 树脂，再用 UV 灯照射约 2 分钟，使其固化。

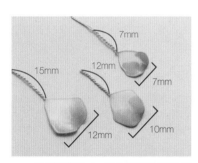

10 参考步骤 1~9，制作出两片蓝色花瓣。制作蓝色花瓣形状时，应选用直径为 8mm 的棒。

11 用圆口钳弄圆金属线的前端（参照 P12）。其中，在粉色花瓣的末端留 8mm 金属线；在宽 10mm 的蓝色花瓣末端留 5mm。

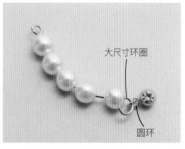

12 将施华洛世奇珍珠穿入 9 字针，并用手轻微弯曲 9 字针，将前端弯出一个大环圈，接着用圆环连接底扣饰物（参照 P13）。

连接叶片饰件

13 将三片花瓣穿入圆环，并连接步骤 12 中的大环圈。接着用圆环将 2 条链条分别连接在珍珠配饰两端。

14 用圆环将叶片饰件连接在延长链的一端。

安装金属配件

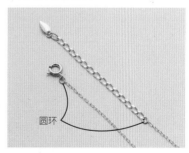

15 用圆环将弹簧扣、延长链分别连接在 2 条链条的另一端。

Cute & Romantic

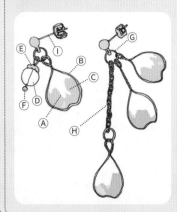

29

用浅色调花瓣饰物搭衬珍珠，非常耀眼。

花瓣甲花耳环

可使用相同的配饰 ⋯⟶ 详见 P102

所需材料

Ⓐ 美甲油（白色，粉色，蓝色）⋯均适量
Ⓑ 金属线（0.32mm，金色）⋯适当长度
Ⓒ UV 树脂（硬款）⋯适量
Ⓓ 施华洛世奇珍珠（5mm，奶油粉）⋯1 个
Ⓔ 花托（4mm，金色）⋯1 个
Ⓕ 珠针（0.5mm×20mm，金色）⋯1 根
Ⓖ 圆环（0.6mm×30mm，金色）⋯3 个
Ⓗ 链条（金色）⋯20mm
Ⓘ 耳环配件（附环，金色）⋯1 对

所需工具

• 平口钳
• 圆口钳
• 钳子
• UV 灯
• 美甲笔刷
• 棒
• 海绵片

制作配饰

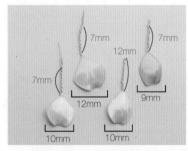

1 参考花瓣甲花项链的制作步骤 1~10（P102~103），制作出 4 片花瓣，尺寸如图。

2 剪去多余金属线，并用圆口钳弄圆前端（参照 P12）。然后在较小的蓝色花瓣的末端留 5mm 的金属线。

3 将施华洛世奇珍珠、花托依次穿入珠针，并用圆口钳弄圆前端。

安装金属配件

4 用圆环将步骤 3 的珍珠配件和宽 12mm 的粉色花瓣连接耳环配件（参照 P13）。这样一来，一只耳环就制作完成了。

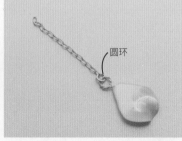

5 用圆环将链条与蓝色花瓣相连接。

6 用圆环将剩余的粉色、蓝色花瓣穿入步骤 5 的链条，最后连接耳环配件。

第3章

Elegant & Gorgeous

优雅华丽风

选择华丽风的大颗宝石配饰，
即可轻松制作出优雅随性的首饰。

Royal Tour

1953-4

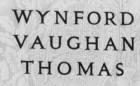

WYNFORD
VAUGHAN
THOMAS

inson Stratford Place London

耳环 戒指
01 | 02

01 粘贴 → 连接 02 粘贴

银色玻璃碎石耳环 & 银色玻璃碎石戒指 ▶制作方法详见 P108、109

01 银色玻璃碎石耳环尤其适合正式场合佩戴。

银色玻璃碎石耳环

可使用相同的配饰 ⟶ 详见 P46、47、69、88、109、122

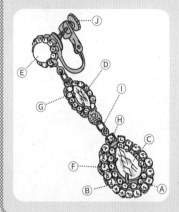

所需材料

Ⓐ 爪钻 a（2mm，水晶）…1 节，4 个；9 节，2 个；
　 15 节，2 个；12 节，2 个

Ⓑ 爪钻 b（3mm，水晶）…18 节 *2 个

Ⓒ 玻璃碎石 a（14mm×10mm，附爪框，透明）…2 个

Ⓓ 玻璃碎石 b（10mm×5mm，附爪框，透明）…2 个

Ⓔ 棉花珍珠（6mm，双孔，白色）…2 个

Ⓕ 镂空配饰 a（50mm×29mm，银色）…2 个

Ⓖ 镂空配饰 b（27mm，银色）…2 个

Ⓗ 收尾扣（一节，2mm，银色）…4 个

Ⓘ 圆环（0.6mm×3mm，银色）…4 个

Ⓙ 耳环配件（8mm，附圆形
　 托片，耳夹，银色）…1 对

所需工具

• 平口钳　　• 牙签
• 圆口钳　　• 镊子
• 黏着剂　　• 剪刀

制作配饰

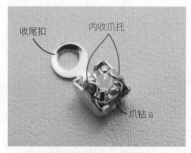

1　将 1 节爪钻 a 嵌入收尾扣内，并用平口钳内收收尾扣的爪托，将爪钻 a 固定。重复此步骤共制作出 2 个配饰。

黏着配饰

2　在镂空配饰 a 上涂抹黏着剂，并在中央粘贴玻璃碎石 a。接着沿着镂空配饰 a 的边缘分别粘贴上 15 节爪钻 a、18 节爪钻 b，然后将步骤 1 的配饰朝上黏固在镂空配饰 a 的正上方。

3　用剪刀将镂空配饰 b 对半剪开。接着将左边配饰翻至背面，并用黏着剂将玻璃碎石 b 贴固在中央。

4　在一半镂空配饰 b 的空隙处薄薄地涂抹黏着剂，并围绕玻璃碎石 b 贴固 9 节爪钻 a。

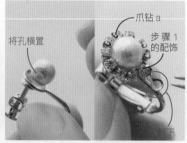

5　将黏着剂涂在耳环配件的圆形托片处，固定棉花珍珠。接着在 12 节爪钻 a 侧面涂黏着剂，并沿着棉花珍珠贴固，然后将步骤 1 的配饰朝下贴固。

连接配饰

6　分别用圆环连接步骤 2、4、5 制成的配饰（参照 P13）。按照同样的方法制作另一只耳环。

点缀有大量宝石和珍珠的戒指充满了吸引力。

银色玻璃碎石戒指

可使用相同的配饰 --> 详见 P46、47、69、88、108、122

所需材料

Ⓐ 爪钻（2mm，水晶）…21 节
Ⓑ 玻璃碎石 a（14mm×10mm，附爪框，透明）…1 个
Ⓒ 玻璃碎石 b（10mm×5mm，附爪框，透明）…1 个
Ⓓ 玻璃碎石 c（3mm，附爪框，透明）…1 个
Ⓔ 棉花珍珠（6mm，双孔，白色）…1 个
Ⓕ 亚克力米珠（2mm，无孔，白色）…4 个
Ⓖ 戒托（20mm，附 10 片镂空花瓣，金色）…1 个

所需工具

• 镊子
• 黏着剂

制作方法

黏着配饰

1 在戒托的镂空花瓣上涂抹黏着剂，并将玻璃碎石 a 贴固在偏右下方的位置。

玻璃碎石 b
棉花珍珠
玻璃碎石 a
玻璃碎石 c

2 在镂空花瓣的空隙涂黏着剂，依次贴固玻璃碎石 b、c 和棉花珍珠。

在此处涂抹黏着剂
镂空花瓣边缘

3 在镂空花瓣的边缘涂满黏着剂。

4 沿着镂空花瓣的边缘缠固爪钻。

亚克力米珠
亚克力珠

5 在空隙涂抹黏着剂，并贴固亚克力米珠，使整体更为协调。

Elegant & Gorgeous

109

03 多种色系的巧妙结合和三角形元素，让手指显得更加修长。

三角形戒指

可使用相同的配饰 ⟶ 详见 P111

所需材料

A 玻璃碎石 a（14mm×10mm，附爪框，烟茶色）…1 个
B 玻璃碎石 b（6mm，附爪框，黑色）…1 个
C 玻璃碎石 c（5mm，附爪框，黑色）…1 个
D 玻璃碎石 d（10mm×5mm，附爪框，透明）…1 个
E 玻璃碎石 e（5mm，附爪框，幻彩粉）…1 个
F 玻璃碎石 f（4mm，附爪框，白蛋白石）…1 个
G 棉花珍珠（6mm，单孔，白色）…1 个
H 镂空配饰（25mm×45mm，四边形，金色）…1 个
I 戒托（8mm，附圆形托片，金色）…1 个

所需工具

• 镊子
• 剪刀
• 黏着剂
• 牙签

制作方法

制作底座

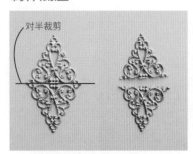

1 用剪刀对半裁剪镂空配饰，将其中一半作为底座。

黏着配饰

2 在底座的左下方涂抹黏着剂，并贴固玻璃碎石 a，贴固时要使玻璃碎石 a 稍稍倾斜。

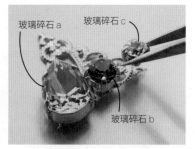

3 在玻璃碎石 a 右侧涂抹黏着剂，依次贴玻璃碎石 b、c，使其填满镂空处。

安装金属配件

4 参考图片，贴固玻璃碎石 d、e、f 和棉花珍珠。

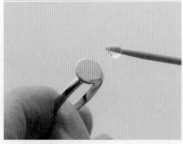

5 在戒托的圆形托片上薄薄地涂一层黏着剂（参照 P14）。

6 将步骤 4 的配饰的中央贴固在圆形托片上。

制作非常简单，将配饰贴固在发夹配件上即可。

三角形发夹

可使用相同的配饰 ⟶ 详见 P110

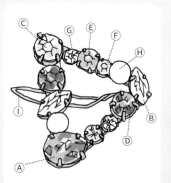

所需材料

- Ⓐ 玻璃碎石 a（14mm×10mm，附爪框，烟茶色）…1 个
- Ⓑ 玻璃碎石 b（10mm×5mm，附爪框，透明）…2 个
- Ⓒ 玻璃碎石 c（5mm，附爪框，白蛋白石）…1 个
- Ⓓ 玻璃碎石 d（6mm，附爪框，黑钻）…2 个
- Ⓔ 玻璃碎石 e（5mm，附爪框，幻彩粉）…1 个
- Ⓕ 玻璃碎石 f（4mm，附爪框，白蛋白石）…2 个
- Ⓖ 玻璃碎石 g（3mm，附爪框，水晶）…2 个
- Ⓗ 棉花珍珠（6mm，单孔，白色）…2 个
- Ⓘ 发夹配件（28mm×33mm，附夹子，三角形）…1 个

所需工具

- 镊子
- 黏着剂

制作方法

黏着配饰

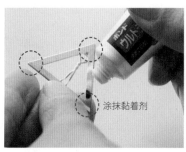

涂抹黏着剂

1 在发夹配件的三个角分别涂抹黏着剂。

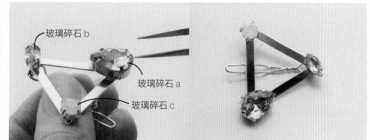

玻璃碎石 b

玻璃碎石 a

玻璃碎石 c

2 将玻璃碎石 a、b、c 贴固在涂抹黏着剂的地方。

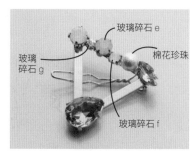

玻璃碎石 e

棉花珍珠

玻璃碎石 g

玻璃碎石 f

3 贴固玻璃碎石 e、f、g 和棉花珍珠，将该边的空隙填满。

玻璃碎石 d

玻璃碎石 g

玻璃碎石 f

4 与步骤 *3* 相同，贴固玻璃碎石 d、f、g。

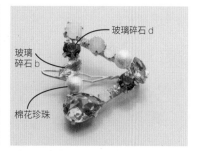

玻璃碎石 d

玻璃碎石 b

棉花珍珠

5 与步骤 *3* 相同，贴固棉花珍珠和玻璃碎石 b、d，即可完成制作。

红色圆圈耳环 & 红色圆圈胸针

▶制作步骤详见 P114~117

07 粘贴 → 连接　08 粘贴 → 穿入 → 连接

珍珠 × 宝石耳环 & 珍珠 × 宝石项链

▶制作步骤详见 P118、119

由不同尺寸的米珠编织而成的耳环，既显成熟又吸睛。

红色圆圈耳环

可使用相同的配饰 --> 详见 P116

所需材料

Ⓐ 小号圆珠 a（暗红色）…180 个
Ⓑ 小号圆珠 b（红色）…142 个
Ⓒ 电镀角珠（4mm，红色）…34 个
Ⓓ 渔线（2 号）…100cm，2 根
Ⓔ 耳环配件（25mm，弹簧耳夹圈，金色）…1 对

所需工具

• 钳子
• 黏着剂
• 牙签

编织米珠

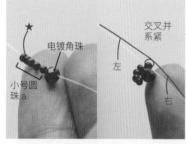

1 将渔线穿入电镀角珠和 5 个小号圆珠 a，并将右边的渔线穿入★处，接着系紧渔线，使珠子都位于渔线中间。

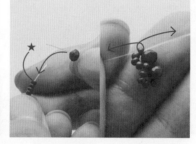

2 将右边渔线穿入 1 个电镀角珠，将渔线左边穿入 4 个小号圆珠 a，接着将右边的渔线穿入★处，并系紧渔线。重复此步骤 9 次。需注意每次操作时，都要把从电镀角珠孔穿出的渔线拉到左边。

3 将左边渔线穿入 5 个小号圆珠 a 和 1 个电镀角珠，并将右边的渔线穿入★处，接着系紧渔线。

4 将左边渔线穿入 5 个小号圆珠 b，并将右边的渔线穿入★处，接着系紧渔线。

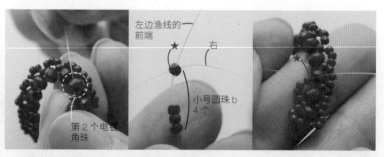

5 将右边渔线穿入 2 个电镀角珠。将渔线左边穿入 4 个小号圆珠 b，接着将右边的渔线穿入★处，并系紧渔线。

★ 穿入渔线的米珠
◤ 新穿入的米珠

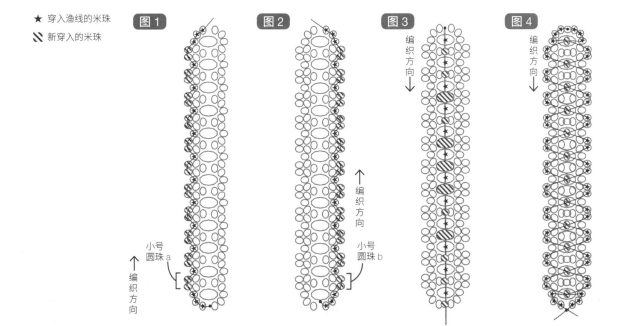

图1   图2   图3   图4

编织方向   编织方向   编织方向

小号圆珠a   小号圆珠b

编织方向   编织方向

小号圆珠a
3个

6 重复步骤 *5* 10 次（第 10 次无须交叉渔线）。

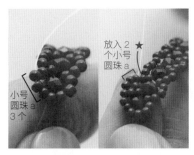

放入2个小号圆珠a ★
小号圆珠a
3个

7 将渔线绕到前方。接着在穿有 4 个小号圆珠 b 的左边渔线上穿入 3 个小号圆珠 a，并再穿入 2 个小号圆珠 a 后穿入★内。重复此步骤 10 次，再穿入 3 个小号圆珠 a。 参照图1

8 将右边渔线穿入 2 个小号圆珠 b，并参照步骤 *7* 编织。 参照图2

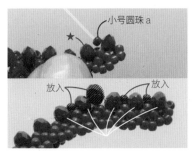

小号圆珠a
★
放入   放入

9 对半翻折、并拢 2 根渔线后握住。放入小号圆珠 a，接着将电镀角珠穿入渔线，再放入小号圆珠 a 和电镀角珠。 参照图3

10 编织好圆珠后，渔线自然而然就会呈现弧度。将渔线朝上握住。

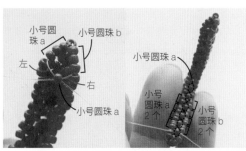

小号圆珠a   小号圆珠b
左   右
小号圆珠a
小号圆珠a
小号圆珠a
2个   小号圆珠b
2个

11 将右边渔线穿入 3 个小号圆珠 b，将左边渔线穿入 3 个小号圆珠 a，然后再穿入 1 个小号圆珠 a，并将 2 根渔线交叉并系紧。接着将右边渔线再穿入 2 个小号圆珠 b，将左边渔线穿入 2 个小号圆珠 b，然后穿入 1 个小号圆珠 a，并交叉系紧 2 根渔线。重复此步骤 10 次。 参照图4

115

安装金属配件

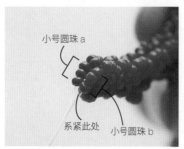

小号圆珠a

系紧此处　小号圆珠b

12 将右边渔线穿入3个小号圆珠b，将左边渔线穿入3个小号圆珠a，接着系紧渔线并剪去多余的渔线。

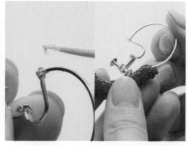

13 在耳环配件上涂抹黏着剂，（参照P14），接着黏固在编织好的配饰上。

14 在配饰的系结处涂抹黏着剂进行加固。参考步骤 *1~8* 制作另一只耳环，其中编织材料需改换成小号圆珠a、b，再参考步骤 *9~11* 制作。

---

06 与耳环的制作方式相同，在缠绕链条时尽量不要留空隙。

红色圆圈胸针

可使用相同的配饰 —> 详见 **P14**

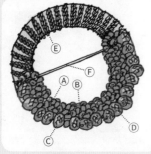

Ⓔ
Ⓐ Ⓕ
Ⓑ
Ⓒ
Ⓓ

所需材料

Ⓐ 小号圆珠a（暗红色）…82 个
Ⓑ 小号圆珠b（红色）…76 个
Ⓒ 电镀角珠（4mm，红色）…17 个
Ⓓ 渔线（2号）…100cm
Ⓔ 链条（金色）…39cm
Ⓕ 胸针配件（30.5mm，金色）…1 个

所需工具

• 钳子
• 黏着剂

制作方法

编织米珠

1 与红色圆圈耳环的步骤 *1~6* 相同，将渔线绕到前方。

黏着配饰

末端的3个小号圆珠a

放入
穿入3个小号圆珠a

2 将已穿入4个小号圆珠b的左边渔线穿入3个小号圆珠a，并放入1个小号圆珠a，再将渔线穿入★内。穿入小号圆珠a的个数依次为2个→1个→1个→2个→1个→2个→1个→1个，重复操作10次，再穿入3个小号圆珠a。 参照图1

3 在另一边渔线上穿入小号圆珠b，并参照制作步骤 *2* 编织。 参照图2

★ 穿入渔线的米珠
◥ 新穿入的米珠

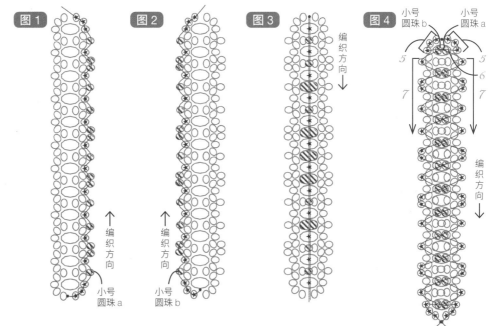

图1　图2　图3

编织方向↓

编织方向↑

小号圆珠a

小号圆珠b

图4　小号圆珠b　小号圆珠a

5　5
6
7　7

编织方向↓

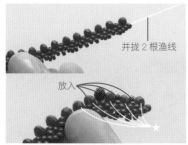

并拢2根渔线

放入

4 对半翻折后并拢2根渔线。将电镀角珠朝上放置，并慢慢穿入小号圆珠a和电镀角珠。 参照图3

5 用步骤4的配饰包裹胸针配件，接着在左右两边的渔线上分别穿入3个小号圆珠a、b。 参照图4

6 分别穿入1个小号圆珠a、b，接着交叉系紧2根渔线。 参照图4

缠卷链条

小号圆珠a 3个

系紧

7 在右边渔线上穿入1个小号圆珠a，接着在左边渔线上穿入1个小号圆珠b。再分别穿入1个小号圆珠a、b，并交叉系紧2根渔线。然后，沿着图4穿入渔线的小号圆珠，再重复此步骤操作11次。 参照图4

8 在左、右两边的渔线上分别穿入3个小号圆珠a、小号圆珠b，接着系紧渔线。用钳子剪去多余渔线。 参照图4

9 在胸针的空隙处涂抹黏着剂（参照P14），接着从中间朝左右两边缠绕链条，最后用钳子剪去多余的链条即可。

Elegant & Gorgeous

117

款式华丽的一款耳环，尽显高雅。

珍珠 × 宝石耳环

可使用相同的配饰 ---> 详见 P119

所需材料

Ⓐ 丝状珍珠 a（10mm，白色）…2 个
Ⓑ 丝状珍珠 b（4mm，无孔，白色）…2 个
Ⓒ 施华洛世奇 a（10mm×5mm，#4228，科罗拉多黄玉）…4 个
Ⓓ 施华洛世奇 b（8mm×6mm，#4320，丝绸）…2 个
Ⓔ T 形针（0.5*20mm，金色）…2 根
Ⓕ 耳环配件（底托尺寸约 16mm×19mm，含空框，金色）…1 对

所需工具

• 圆口钳
• 钳子
• 黏着剂
• 牙签

制作方法

制作配饰

1 将丝状珍珠 a 穿入 T 形针，并用圆口钳弄圆前端（参照 P12）。

黏着配饰

2 在耳环配件的圆形空框内薄薄地涂抹一层黏着剂（参照 P14），并黏固丝状珍珠 b。

施华洛世奇 a

3 在两侧的空框内薄薄地涂抹一层黏着剂，并黏固施华洛世奇 a。

施华洛世奇 b　　施华洛世奇 a

4 用同样的方法黏固施华洛世奇 b。

连接配饰

5 打开步骤 *1* 的 T 形针的环圈，并连接在耳环配件上，然后闭合环圈。按照同样的方法制作另一只耳环。

进行改造

将材料 C 更换为施华洛世奇 a（10mm×5mm，#4228，帕帕拉恰）；将材料 D 更换为施华洛世奇 b（8mm×6mm，#4320，渐变金色）。

08 使用 2 种珍珠制作而成的奢华风项链，嵌有宝石扣，十分优雅。

珍珠 × 宝石项链

可使用相同的配饰 → 详见 P52、67、78、79、118

所需材料

Ⓐ 丝状珍珠 a（8mm，白色）…14 个

Ⓑ 丝状珍珠 b（10mm，白色）…30 个

Ⓒ 施华洛世奇 a（6.1mm×6.3mm，#1088，SS29，玫瑰金）…1 个

Ⓓ 施华洛世奇 b（8mm×4mm，#7728，科罗拉多黄玉）…4 个

Ⓔ 施华洛世奇 c（8mm×6mm，#4320，丝绸）…2 个

Ⓕ 宝石扣（图案尺寸约 17mm×24.5mm，金色）…1 个

Ⓖ 包扣（内径 2mm，金色）…2 个

Ⓗ 定位珠（外径 1.5mm，金色）…2 个

Ⓘ 渔线（2 号，0.23mm）…50cm

所需工具

• 平口钳　　• 黏着剂
• 圆口钳　　• 牙签
• 钳子

制作方法

黏着配饰

1 在宝石扣的中心空框薄薄地涂一层黏着剂（参照 P14），并黏固施华洛世奇 a。

施华洛世奇 b
施华洛世奇 c

2 在其余空框内薄薄地涂一层黏着剂，并对应图中的位置依次黏固施华洛世奇 b、c。

处理渔线

3 在渔线前端穿入定位珠和包扣，接着压平定位珠并闭合包扣（参照 P15）。

穿入珍珠

4 在渔线上依次穿入 7 个丝状珍珠 a、30 个丝状珍珠 b 和 7 个丝状珍珠 a。

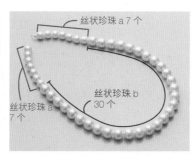

丝状珍珠 a 7 个
丝状珍珠 b 30 个
丝状珍珠 a 7 个

5 在渔线另一端穿入定位珠和包扣，接着与步骤 *3* 相同，压平定位珠后再闭合包扣。

连接配饰

6 将两个包扣分别连接宝石扣两端的卡钩，再闭合环圈。

Elegant & Gorgeous

宝石耳骨夹 & 宝石开口戒指

▶制作方法详见 P122、123

宝石 × 珍珠耳环 & 宝石 × 珍珠手链

▶制作方法详见 P124、125

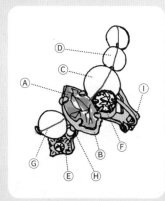

09 一款点缀有珍珠的耳环，十分华丽。

宝石耳骨夹

可使用相同的配饰 ⋯⋗ 详见 P29、46、47、69、88、108、109、123

所需材料

Ⓐ 施华洛世奇水晶（#4228，玫粉抛光石）⋯1 个
Ⓑ 底托（#4228 用）⋯1 个
Ⓒ 棉花珍珠 a（8mm，双孔，白色）⋯1 个
Ⓓ 棉花珍珠 b（6mm，双孔，白色）⋯3 个
Ⓔ 方形石扣饰件（7mm×5mm，附圆环）⋯1 个
Ⓕ 立方氧化锆（4mm，附底托）⋯1 个
Ⓖ T 形针（0.6mm×30mm，金色）⋯2 根
Ⓗ 圆环（0.6mm×3mm，金色）⋯1 个
Ⓘ 耳环配件（弹簧式碗状托片，金色）⋯1 个

所需工具

- 平口钳
- 圆口钳
- 钳子
- 黏着剂
- 牙签

制作方法

黏着配饰

孔朝两边

1 在耳环配件的弹簧式碗状托片处薄薄地涂一层黏着剂，接着黏固棉花珍珠 a（参照 P14）。注意，棉花珍珠 a 的孔需朝两边放置。然后待黏着剂干燥。

穿入配饰

在穿入配饰处涂抹黏着剂

2 将施华洛世奇水晶装嵌入底托（参照 P16）。接着在 T 形针上薄薄地涂一层黏着剂，并穿入棉花珍珠 b 和施华洛世奇水晶配饰。

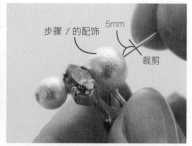

步骤 *1* 的配饰　　5mm

裁剪

3 穿入步骤 *1* 的配饰，然后留出 5mm 的长度并剪去多余部分。

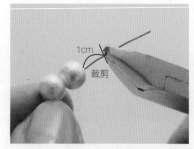

1cm

裁剪

4 在另一根 T 形针上薄薄地涂一层黏着剂，并穿入 2 个棉花珍珠 b，然后留出 1cm 的长度并剪去多余部分。

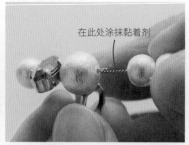

在此处涂抹黏着剂

5 在留出的 1cm 长度上再涂一层黏着剂，接着将其穿入棉花珍珠 a，并进行黏固。将步骤 *3* 留出的 5mm 长度穿进棉花珍珠 b。

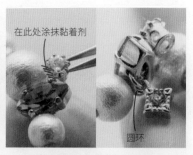

在此处涂抹黏着剂

圆环

6 在棉花珍珠 a 侧面涂满黏着剂，并在侧面黏固立方氧化锆。最后，用圆环将方形石扣饰件穿入底托下方的孔内。

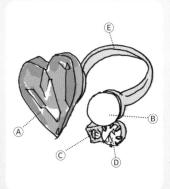

10 迷你又炫目的宝石开口戒，其大小可自由调节。

宝石开口戒指

可使用相同的配饰 ⋯⟶ 详见 P122

所需材料

Ⓐ 施华洛世奇水晶（#4809，复古粉）⋯1 个
Ⓑ 棉花珍珠（8mm，单孔，白色）⋯1 个
Ⓒ 方形石扣饰件（7mm×5mm，附圆环）⋯1 个
Ⓓ 立方氧化锆（4mm，附底托）⋯1 个
Ⓔ 开口戒托（金色）⋯1 个

所需工具

• 牙签
• 黏着剂
• 镊子

制作方法

黏着配饰

1 在开口戒托的大号托片上涂满黏着剂，并黏固施华洛世奇水晶（参照 P14）。

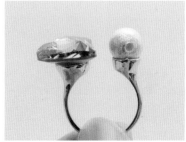

2 在另一边托片上涂满黏着剂，并将棉花珍珠的孔朝侧下方进行黏固。

3 用牙签在棉花珍珠孔内薄薄地涂一点黏着剂，然后穿入方形石扣饰件进行黏固。

在此处涂抹黏着剂

4 在棉花珍珠和方形石扣饰件的侧面涂满黏着剂，并黏固立方氧化锆。

进行改造

左：将耳骨夹的材料 A 换成施华洛世奇水晶（#4228）。
右：将开口戒的材料 A 换成施华洛世奇水晶（#4809）。

Elegant & Gorgeous

11

装饰有珍珠的耳环，尽显奢华感。

宝石 × 珍珠耳环

可使用相同的配饰 ⋯⟶ 详见 **P125**

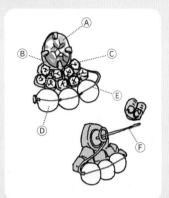

所需材料

- Ⓐ 施华洛世奇（SS39，#1088，黄玉）⋯2 个
- Ⓑ 底托（SS39 用，18mm×13mm，金色）⋯2 个
- Ⓒ 施华洛世奇爪钻（3mm，#110）⋯4 节，2 个；
  5 节，2 个
- Ⓓ 棉花珍珠（8mm，双孔，浅黄色）⋯6 个
- Ⓔ T 形针（0.8mm×65mm，金色）⋯2 根
- Ⓕ 耳环配件（6mm，圆形托片，金色）⋯1 对

所需工具

- 平口钳
- 圆口钳
- 钳子
- 牙签
- 黏着剂

制作方法

制作配饰

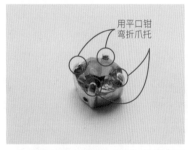

1 将施华洛世奇嵌入底托，并用平口钳弯折爪托，以固定（参照 P16）。

黏着配饰

2 在步骤 *1* 的配饰底端薄薄地涂一层黏着剂，并黏固 4 节施华洛世奇爪钻（参照 P14）。

3 在步骤 *2* 的 4 节施华洛世奇爪钻的侧面薄薄地涂一层黏着剂，再黏固 5 节施华洛世奇爪钻。

安装金属配件

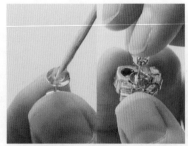

4 在耳环配件的圆形托片处涂上黏着剂，并黏固在步骤 *3* 的配饰背面。

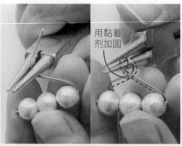

5 在 T 形针上穿入 3 个棉花珍珠，并用圆口钳将其折弯做出圆环，再用钳子剪去多余部分。可在圆环接缝处涂黏着剂，以防止其变形。

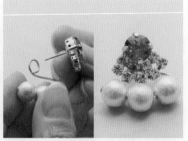

6 将耳环配件穿入圆环内，并嵌入耳夹。按照同样的方法制作另一只耳环。

12 装饰有大量珍珠的手链，加上丝绸缎带，既显奢华又显温柔。

宝石 × 珍珠手链

可使用相同的配饰 ─→ 详见 P124

所需材料

Ⓐ 施华洛世奇（18mm×13mm，#1088，黄玉）…1 个

Ⓑ 底托（18mm×13mm，#1088 用金色）…1 个

Ⓒ 棉花珍珠（8mm，双孔，浅黄色）…32 个

Ⓓ 丝绸缎带（茶色）…32cm

Ⓔ 造型圆环（15mm，弯头，金色）…1 个

Ⓕ 圆环 a（0.8mm×5mm，金色）…3 个

Ⓖ 圆环 b（0.7mm×4mm，金色）…1 个

Ⓗ 包扣（3mm，金色）…4 个

Ⓘ 定位珠（2mm，金色）…4 个

Ⓙ 渔线（4 号）…约 25cm，2 根

Ⓚ 镶钻吊坠扣（19mm×5mm，水晶）…4 个

Ⓛ 弹簧扣（6mm，金色）…1 个

所需工具

- 平口钳
- 圆口钳
- 钳子
- 锥子

制作方法

制作配饰

用平口钳弯折爪托

1 将施华洛世奇嵌入底托内，并用平口钳弯折爪托以固定（参照 P16）。

处理渔线末端

2 在 1 根渔线上穿入包扣和定位珠，并用平口钳压平定位珠，接着闭合包扣（参照 P15）。按照同样的方法处理另外 1 根渔线的末端。

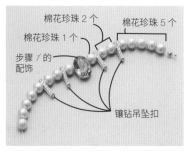

棉花珍珠 2 个　棉花珍珠 5 个
棉花珍珠 1 个
步骤 1 的配饰
镶钻吊坠扣

3 按图中的顺序，将棉花珍珠、镶钻吊坠扣、步骤 1 的配饰穿入渔线。

安装金属配件

4 依次穿入包扣和定位珠。再将渔线翻折，穿入 2 个棉花珍珠，然后剪去多余部分，最后压平定位珠，并闭合包扣。

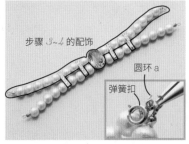

步骤 3~4 的配饰
圆环 a
弹簧扣

5 按图中所示的顺序，将棉花珍珠、镶钻吊坠扣和底托穿入另一根渔线，并处理渔线的末端，处理方法与步骤 4 相同。接着在配饰两端分别连接圆环 a、弹簧扣和造型圆环。

造型圆环　圆环 b
圆环 a

6 将缎带打成一个蝴蝶结，并在打结处穿入圆环 a，最后用圆环 b 连接造型圆环和圆环 a 即可完成制作。

Elegant & Gorgeous

穿入

黑色珠子项链 &
黑色珠子手链
▶制作方法详见 P128、129

发卡	耳环
15	**16**

缝固

**网纱条状发卡 &
网纱绸带耳环**
▶制作方法详见 P130、131

13

黑色珠子项链是一款时髦的纯色项链。做法简单，可通过改变缠绕方式改变风格。

黑色珠子项链

可使用相同的配饰 ⟶ 详见 P129

所需材料

Ⓐ 亚克力米珠（6mm，黑色）…178 个
Ⓑ 种珠（2mm，黑色）…179 个
Ⓒ 包扣（内径 2mm，金色）…2 个
Ⓓ 定位珠（外径 1.5mm，金色）…2 个
Ⓔ 渔线（2 号，0.23mm）…50cm
Ⓕ 弹簧扣（5.5mm，金色）…1 个
Ⓖ 圆环板扣（3mm×8mm，金色）…1 个

所需工具

• 平口钳
• 钳子

制作方法

处理渔线末端

1 将渔线的前端穿入定位珠和包扣。接着再穿入定位珠并拉紧渔线，然后压平定位珠（参照 P15）。

2 用钳子剪去多余渔线，用包扣包裹定位珠并闭合包扣。

穿入米珠

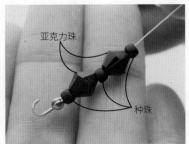

亚克力珠

种珠

3 将种珠和亚克力米珠交错穿入渔线。

4 按照与步骤 *1* 相同的方法，将渔线另一端穿入定位珠和包扣，再穿入定位珠，并用平口钳压平定位珠。

5 用包扣包裹定位珠并闭合包扣。

安装金属配件

6 用包扣扣钩分别连接弹簧扣和圆环板扣，最后闭合扣钩。

14 黑色珠子手链的 OT 扣设计可彰显典雅的气质。

黑色珠子手链

可使用相同的配饰 —⫸ 详见 P128

所需材料

Ⓐ 亚克力米珠（6mm，黑色）…83 个
Ⓑ 种珠（2mm，黑色）…84 个
Ⓒ 包扣（内径 2mm，金色）…2 个
Ⓓ 定位珠（外径 1.5mm，金色）…2 个
Ⓔ 渔线（2 号，0.23mm）…50cm
Ⓕ OT 扣（O 环约 21mm×18mm；T 扣约 24mm，金色）…1 组

所需工具

• 平口钳
• 钳子

Elegant & Gorgeous

 制作方法

处理渔线末端

1 在渔线的前端穿入定位珠和包扣。接着压平定位珠并闭合包扣（参照 P15）。

穿入配饰

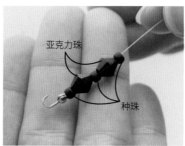

亚克力珠

种珠

2 将种珠和亚克力米珠交错穿入渔线。

3 依次穿入包扣和定位珠，并按照步骤 *1* 的要领处理。

安装金属配件

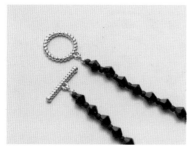

4 将包扣的扣钩分别连接 O 环和 T 扣，最后闭合扣钩。

POINT

自由设计缠绕方式

由于链条很长，可随心所欲地变化缠绕方式，将其作为项链或手链佩戴。

15

明亮配色不失个性与辨识度，网纱搭配珍珠十分吸睛。

网纱条状发卡

可使用相同的配饰 ⟶ 详见 **P131**

所需材料

Ⓐ 缎带（宽 50mm，蓝色）…54cm
Ⓑ 棉花珍珠（14mm，双孔，浅黄色）…3 个
Ⓒ 网纱 a（10cm×10cm，黑色水玉波点）…1 片
Ⓓ 网纱 b（10cm×8cm，蓝色）…1 片
Ⓔ 毛毡（8cm×5cm）…1 片
Ⓕ 发卡配件（70mm×10mm，银色）…1 个

所需工具

- 针
- 线（白色）
- 剪刀
- 黏着剂

制作方法

折叠缎带

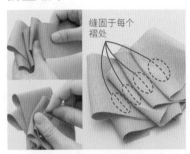

缝固于每个褶处

1 根据个人喜好将缎带折叠错开并进行 5 次左右的蛇腹折（可剪去多余的缎带或向后折叠隐藏）。将重叠的褶皱区域缝合 10 次左右，以固定缎带（参照 P16）。

装上配饰

此处进行谷折

2 将网纱 a 折叠 3~4 次，并在下方重叠处进行谷折。按图所示把网纱 a 缝固在缎带上。

3 同样地，将网纱 b 折叠 3~4 次，每次折叠 4cm 左右，再按图所示把网纱 b 缝固到缎带上。

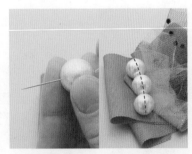

4 将穿有线的针从缎带的背面穿出，接着将线穿入 3 个棉花珍珠，可参考图片位置进行缝固。将棉花珍珠固定，再剪掉多余的线。

安装金属配件

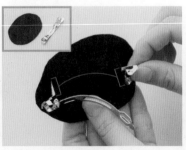

5 按图示的位置剪开毛毡，各剪开 1cm，然后穿入发卡配件。

6 将步骤 5 的毛毡翻面，并涂上大量黏着剂，最后将其黏固在缎带的背面。

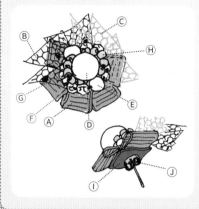

16

花朵形状的带有大颗珍珠的耳环，非常吸睛。

网纱绸带耳环

可使用相同的配饰 ---> 详见 P20、84、130

所需材料

- Ⓐ 缎带（宽 10mm，蓝色）…16cm，2 根
- Ⓑ 网纱 a（4cm×3cm，黑色水玉波点）…2 片
- Ⓒ 网纱 b（4cm×3cm，蓝色）…2 片
- Ⓓ 棉花珍珠（10mm，双孔，浅黄色）…2 个
- Ⓔ 丝状珍珠（4mm，白色）…4 个
- Ⓕ 捷克珠 a（3mm，白色）…8 个
- Ⓖ 捷克珠 b（2mm，白色）…16 个
- Ⓗ 金属米珠（1mm，金色）…约 44 个
- Ⓘ 毛毡（直径 13mm，黑色）…2 片
- Ⓙ 耳环配件（6mm，附环，金色）…1 对

所需工具

- 针
- 线（白色）
- 剪刀
- 黏着剂

制作方法

折叠缎带

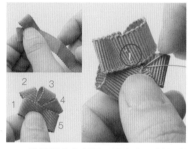

1 将缎带向上折叠 4 次左右，制作成如图所示形状（可剪去多余的缎带或向后折叠隐藏）。将重叠的部分缝合 5 次左右，以固定缎带。

装上配饰

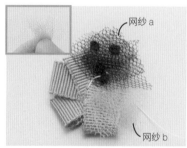

网纱 a
网纱 b

2 参考网纱条状发卡的步骤 2~3，将网纱 a、b 对半折叠 3 次，并按图所示缝合。

3 在步骤 2 的配饰中间缝固棉花珍珠。

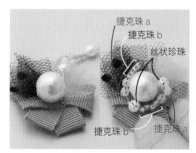

捷克珠 a
捷克珠 b
丝状珍珠
捷克珠 b
捷克珠 a

4 将针从棉花珍珠旁边穿出，依次穿入 1 个丝状珍珠、2 个捷克珠 a、4 个捷克珠 b、1 个丝状珍珠、2 个捷克珠 a、4 个捷克珠 b，并按图中所示的箭头方向将珠子卷起，并将针穿入棉花珍珠，再进行缝固。

金属米珠
10~11 个

5 将针从捷克珠和棉花珍珠的空隙处穿出，并按图示位置缝合金属米珠。在棉花珍珠右侧也按同样方法进行缝合，并固定（参照 P16）。

安装金属配件

6 用锥子在毛毡上开一个孔，并穿入耳环配件。接着将毛毡涂满黏着剂，并贴固在步骤 5 的配饰中间。按照同样的方法制作另一只耳环。

Elegant & Gorgeous

耳环　发链　戒指
17　18　19

涂抹 → 连接

轻奢风花瓣甲花耳环 & 轻奢风花瓣甲花发链 &
轻奢风花瓣甲花戒指 ▶制作方法详见 P134～138

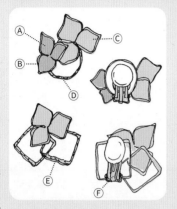

17 轻奢风花瓣甲花耳环是一款将不同饰品组合在一起的异形耳环。

轻奢风花瓣甲花耳环

可使用相同的配饰 ⋯➤ 详见 P136、138

所需材料

Ⓐ 美甲油（珠光金，香槟米色，白色）…均适量
Ⓑ 金属线（0.32mm，金色）…适当长度
Ⓒ UV 树脂（硬款）…适量
Ⓓ 圆形挂圈（15.5mm，珠光金）…2 个
Ⓔ 方形挂圈（14.5mm，珠光金）…4 个
Ⓕ 耳环配件（9mm，附蝶形弹簧橡胶、圆形托片，金色）…1 对

所需工具

• 平口钳
• 圆口钳
• 钳子
• UV 灯
• 棒
• 透明薄板
• 黏着剂
• 海绵片

 制作方法

制作金属线框缘

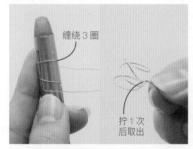

缠绕 3 圈

拧 1 次
后取出

1 将金属线在直径约 15mm 的棒上缠绕 3 圈，将两根金属线合为一股并交叉一次，接着取出棒。

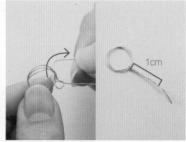

1cm

2 将各圈金属线重叠，用较长的金属线穿入圆圈，接着将 2 根金属线并拢在一起，并拧出 1cm 的长度。

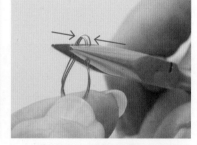

3 用平口钳将圆圈的前端弄成细长状。

涂抹美甲油和 UV 树脂

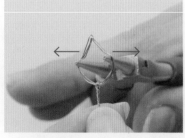

4 将圆口钳穿入圆圈中间并从里向外撑开，做成花瓣的形状。

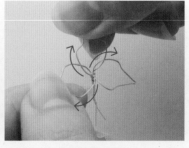

5 将 3 片花瓣按图示分开。

6 将美甲油从里向外快速涂抹在金属线框缘处（参照 P98 的制作步骤 *2*）。

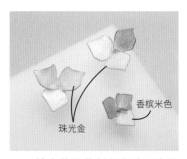

香槟米色

珠光金

7 其余花朵的制作方法同步骤 *1~6*，用美甲油给花瓣上色（大号花瓣用珠光金，小号花瓣用香槟米色），接着将其扎在海绵片上方，放置 15~20 分钟。

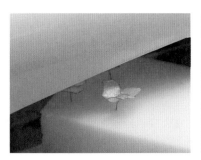

8 待美甲油干燥后，在上方叠涂一层 UV 树脂，并用 UV 灯照射 2~3 分钟，使其固化。

9 铺上透明薄板后再放置圆形挂圈，接着在圆内涂满 UV 树脂，并用 UV 灯照射 2~3 分钟，使其固化。同样，在方形挂圈内也涂上 UV 树脂并进行固化。

黏固配饰

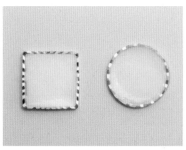

10 在 2 个挂圈内叠涂白色美甲油，并放置 15~20 分钟，待其干燥。

11 用钳子剪去花朵底部的金属线。

珠光金

香槟米色

12 在圆形挂圈的表面涂抹 UV 树脂，并放置小号花朵和 1 个大号花朵，再用 UV 灯照射 2~3 分钟进行固化，使其黏固。

安装金属配件

在此处涂抹 UV 树脂

13 在方形挂圈的表面再涂一层 UV 树脂，接着如图所示，错位叠放另 1 个方形挂圈，然后用 UV 灯照射 2~3 分钟，使其固化。

14 将 UV 树脂涂抹于步骤 *13* 的 2 个方形挂圈上，并装饰上花朵配饰，再用 UV 灯照射 2~3 分钟进行固化，使其黏固。

15 在耳环配件的圆形托片处涂抹黏着剂，并依次黏固步骤 *12*、*14* 制成的配饰。

18

轻奢风花瓣甲花发链是一款融发梳与发夹于一体的华丽风发饰。

轻奢风花瓣甲花发链

可使用相同的配饰 ⟶ 详见 P146、138

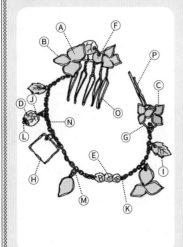

所需材料

- Ⓐ 美甲油（珠光金，香槟米色，白色）…均适量
- Ⓑ 金属线（0.32mm，金色）…适当长度
- Ⓒ UV树脂（硬款）…适量
- Ⓓ 捷克珠a（12mm，切面，珠光香槟）…1个
- Ⓔ 捷克珠b（8mm，火磨珠，珠光香槟）…4个
- Ⓕ 捷克珠c（6mm，圆珠，珠光浅香槟）…1个
- Ⓖ 圆形挂圈（15.5mm，珠光金）…1个
- Ⓗ 方形挂圈（14.5mm，珠光金）…1个
- Ⓘ 叶片饰件（8mm×12mm，金色）…2个
- Ⓙ 花托（7mm，金色）…2个
- Ⓚ 9字针（0.6mm×30mm，金色）…1根
- Ⓛ 珠针（0.6mm×30mm，金色）…1根
- Ⓜ 圆环（0.6mm×3mm，金色）…10个
- Ⓝ 链条（金色）…20cm
- Ⓞ 发梳配件（金色）…1个
- Ⓟ 发夹配件（10mm，附圆形托片，金色）…1个

所需工具

- ●平口钳
- ●棒
- ●UV灯
- ●钳子
- ●海绵片
- ●镊子
- ●圆口钳
- ●黏着剂
- ●透明薄板

制作方法

制作配饰

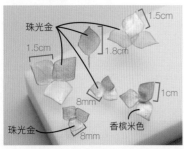

1 参考轻奢风花瓣甲花耳环的步骤1~8，制作出花瓣和花朵。

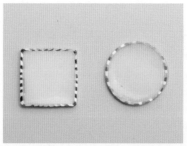

2 参考轻奢风花瓣甲花耳环的步骤9~10，分别制作出圆形挂圈和方形挂圈。

连接配饰

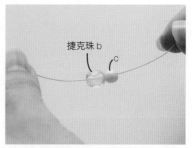

3 将金属线穿入捷克珠b、c。

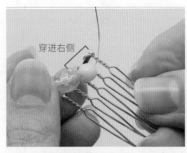

4 把金属线穿进发梳配件的右侧。

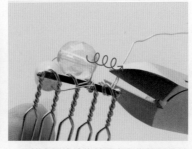

5 将金属线缠绕并固定在发梳配件轴处，并用钳子剪去多余的金属线。

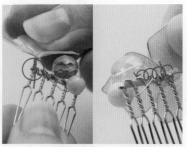

6 在左侧穿入花朵（花瓣约宽1.5cm）配饰，接着将金属线缠绕并固定在发梳配件轴处，并用钳子剪去多余的金属线。

7 将花朵（花瓣约宽 8mm）配饰穿入右侧，然后将金属线缠绕并固定在发梳配件轴处，再用钳子剪去多余的金属线。

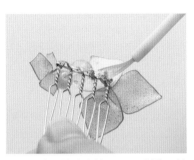

8 在金属线上涂抹一层 UV 树脂，并用 UV 灯照射约 2 分钟，使其固化。

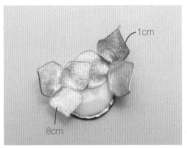

9 在圆形挂圈上涂一层 UV 树脂，并剪去 2 个花朵（花瓣分别约宽 1cm、8cm）多余的金属线，再将其放在圆形挂圈上方，接着用 UV 灯照射约 2 分钟，使其固化。

连接配饰

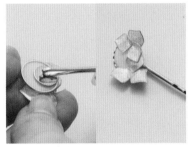

10 在发夹配件的圆形托片涂一层黏着剂并贴固在步骤 9 的配饰中央。

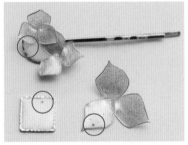

11 参考图片，用镊子在步骤 10 的发夹配饰、步骤 2 的方形挂圈、步骤 1 的花朵配件（花瓣约宽 1.5cm）处开孔。

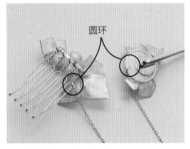

12 用圆环连接链条和发梳配件、步骤 11 的发夹（参照 P13）。

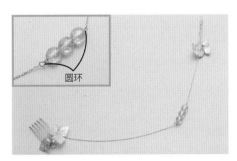

13 在 9 字针上穿入 3 个捷克珠 b，并弄圆其前端。接着在链条的 2/3 处将其剪断，用圆环连接 9 字针配饰。

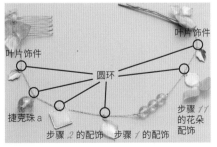

14 在珠针上依次穿入花托、捷克珠 a、花托，并用圆口钳弄圆前端（参照 P12）。最后，参照图片，用圆环依次连接各个配饰。

19 轻奢风花瓣甲花戒指

造型独特、闪耀夺目的戒指是参加派对的不二之选。

可使用相同的配饰 ⟶ 详见 P134、136

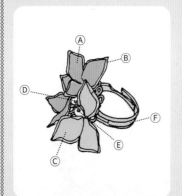

所需材料

- Ⓐ 美甲油（珠光金，香槟米色）…均适量
- Ⓑ 金属线（0.32mm，金色）…适当长度
- Ⓒ UV 树脂（硬款）…适量
- Ⓓ 捷克珠 a（8mm，火磨珠，珠光香槟）…1 个
- Ⓔ 捷克珠 b（6mm，圆珠，珠光浅香槟）…1 个
- Ⓕ 戒托（20mm，附 10 片镂空花瓣，金色）…1 个

所需工具

- 平口钳
- 钳子
- UV 灯
- 棒
- 圆口钳
- 海绵片

制作方法

制作配饰

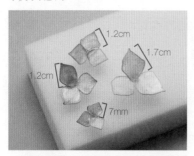

1 参考轻奢风花瓣甲花耳环的步骤 *1~8*（P134~135），制作出 4 个花朵。

固定花瓣

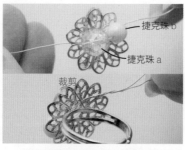

捷克珠 b
捷克珠 a
裁剪

2 在金属线上依次穿入捷克珠 a、b，并连接在戒托的镂空花瓣中间，然后拧固在戒托背面。接着用钳子剪去多余的金属线。

3 将花朵（花瓣宽约 1.7cm）的金属线穿入图中所示的位置，接着将金属线缠绕在镂空花瓣底托上加以固定，再用钳子剪去多余的金属线。

4 将花朵（花瓣宽约 1.2cm）的金属线穿进镂空花瓣，然后在背面拧固，再用钳子剪去多余金属线。为易于操作，可在过程中使用 UV 灯照射 2~3 分钟，使其固化。

5 将花朵（花瓣宽约 7mm）的金属线穿入镂空花瓣，然后在背面拧固，再用钳子剪去多余的金属线。

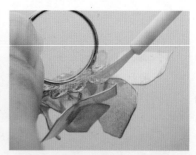

6 将戒指翻转至背面，在金属线上涂满 UV 树脂，并用 UV 灯照射 2~3 分钟，使其固化。

第4章

Ethnic

民族风

选用天然石和羽毛等素材，
制作出独特的民族风饰品。
此类饰品适合在户外和度假时佩戴。

连接

棉花珍珠 × 天然石耳环 & 棉花珍珠 × 天然石手链 ▶制作方法详见 P144、145

干练爽朗风格的耳饰非常适合成熟的女性。

金色珠子长款耳坠

可使用相同的配饰 ⋯➤ 详见 P143

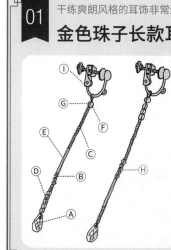

所需材料

Ⓐ 水晶（5mm×9mm，渐变金色）⋯2 个
Ⓑ 米珠（2mm，渐变金色）⋯10 个
Ⓒ 优质烤漆米珠（迷你，金色）⋯49 个
Ⓓ 金属米珠（哑光金）⋯8 个
Ⓔ 金属直管（15mm，金色）⋯2 个
Ⓕ 定位珠（1.5mm，金色）⋯2 个
Ⓖ 定位珠扣（2.3mm，金色）⋯2 个
Ⓗ 渔线（2 号）⋯20cm，2 根
Ⓘ 耳环配件（4mm，弹簧式，金色）⋯1 对

所需工具

• 平口钳
• 钳子
• 黏着剂
• 牙签

制作方法

穿入配件

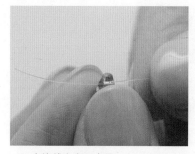

1 在渔线上穿入水晶。

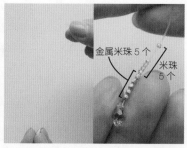

2 握住渔线的两端，并将 2 根渔线穿入 5 个金属米珠和 5 个米珠。

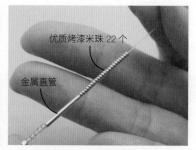

3 依次穿入 1 个金属直管和 22 个优质烤漆米珠。

安装金属配件

4 在 2 根渔线上穿入定位珠和耳环配件，接着翻转渔线并再次穿入定位珠。然后拉紧渔线，并用平口钳压平定位珠加以固定（参照 P15），用钳子剪去多余渔线。

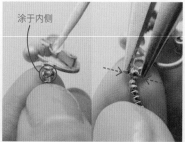

5 装嵌定位珠扣，并在其内侧薄薄地涂一层黏着剂，接着用平口钳闭合定位珠扣加以固定。

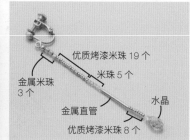

6 将另一只耳环的配饰换成图中的配饰，并按照同样的方法制作。

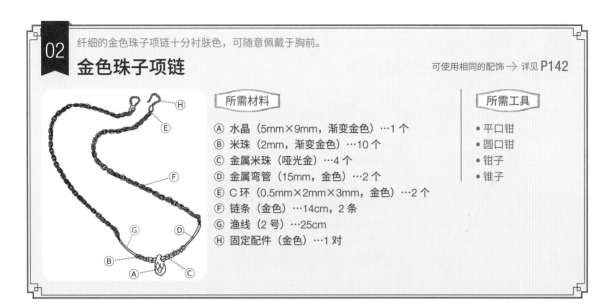

02

纤细的金色珠子项链十分衬肤色，可随意佩戴于胸前。

金色珠子项链

可使用相同的配饰 --> 详见 P142

所需材料

- Ⓐ 水晶（5mm×9mm，渐变金色）…1 个
- Ⓑ 米珠（2mm，渐变金色）…10 个
- Ⓒ 金属米珠（哑光金）…4 个
- Ⓓ 金属弯管（15mm，金色）…2 个
- Ⓔ C 环（0.5mm×2mm×3mm，金色）…2 个
- Ⓕ 链条（金色）…14cm，2 条
- Ⓖ 渔线（2 号）…25cm
- Ⓗ 固定配件（金色）…1 对

所需工具

- 平口钳
- 圆口钳
- 钳子
- 锥子

制作方法

穿入配件

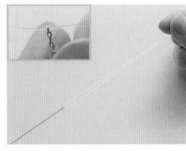

1 在链条的末端链圈内穿入 1 根渔线。若链条的孔较小，可用锥子将其扩大（参照 P16）。

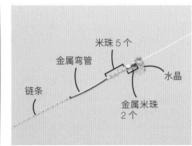

2 并拢 2 根渔线，并依次穿入 1 个金属弯管、5 个米珠、2 个金属米珠、1 个水晶。

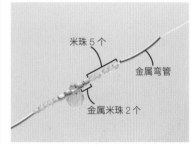

3 再穿入 2 个金属米珠、5 个米珠、1 个金属弯管。

安装金属配件

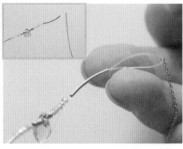

4 在渔线上穿入另一条链条的末端链圈，接着翻转渔线，并将其穿入 1 个金属弯管。

5 在金属弯管处系紧渔线，并用钳子剪去多余的渔线。

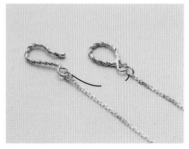

6 分别用 C 环将固定配件连接在两条链条的另一端。

Ethnic

03 点缀有珍珠与水晶的耳环在耳边微微摆动，尽显优雅。

棉花珍珠 × 天然石耳环

可使用相同的配饰 ⋯⟶ 详见 **P145**

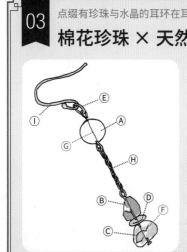

所需材料

- Ⓐ 棉花珍珠（8mm，双孔，浅黄色）⋯2 个
- Ⓑ 紫水晶⋯2 个
- Ⓒ 黄水晶⋯2 个
- Ⓓ 金属米珠（2.5mm×6mm，金色）⋯2 个
- Ⓔ 圆环（0.6mm×3mm，金色）⋯2 个
- Ⓕ T 形针（0.6mm×30mm，金色）⋯2 根
- Ⓖ 9 字针（0.3mm×30mm，金色）⋯2 根
- Ⓗ 链条（金色）⋯17mm，2 条
- Ⓘ 耳环配件（附钩状扣，金色）⋯1 对

所需工具

- 平口钳
- 圆口钳

制作方法

制作配饰

1 在 9 字针上穿入棉花珍珠，并用圆口钳弄圆前端（参照 P12）。

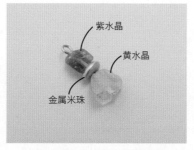

紫水晶
黄水晶
金属米珠

2 在 T 形针内依次穿入黄水晶、金属米珠和紫水晶，并用圆口钳弄圆前端。

连接配饰

3 分别打开步骤 1、2 中配饰的环圈，分别将其连接在链条两端并闭合环圈。

安装金属配件

圆环

4 用圆环将步骤 3 的配饰连接在耳环配件的钩状扣中（参照 P13）。按照同样的方法制作另一只耳环。

进行改造

将材料 B 换成磷灰石；将材料 C 换成粉色碧玺。

04 仅需穿连各配饰即可完成制作，是十分可爱、百搭的一款手链。

棉花珍珠 × 天然石手链

可使用相同的配饰 ─> 详见 **P144**

所需材料

A 棉花珍珠（8mm，双孔，浅黄色）…10 个
B 紫水晶…3 个
C 黄水晶…2 个
D 金属米珠（2.5mm×6mm，金色）…2 个
E 9 字针 a（0.6mm×30mm，金色）…10 根
F 9 字针 b（0.8mm×65mm，金色）…1 根
G 圆环（0.6mm×3mm，金色）…2 个
H OT 扣（O 环 11mm×14mm，T 扣 15mm，金色）…1 组

所需工具

• 平口钳
• 圆口钳
• 钳子

制作方法

制作配饰

1 在 9 字针 a 上穿入棉花珍珠，并用圆口钳弄圆前端（参照 P12）。按此步骤制作出 10 个。

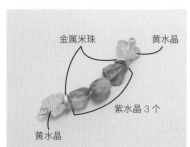

金属米珠　　黄水晶

紫水晶 3 个

黄水晶

2 在 9 字针 b 上依次穿入黄水晶、金属米珠和紫水晶、金属米珠、黄水晶，如图所示，并用圆口钳弄圆前端。

连接配饰

3 在步骤 2 的配饰一侧连接 5 个制作好的棉花珍珠配饰。

安装金属配件

5 个

5 个

4 同样，在另一侧也连接 5 个制作好的棉花珍珠配饰。

圆环

5 在步骤 4 的配饰两端分别用圆环连接 O 环和 T 扣（参照 P13）。

进行改造

将材料 B 换成磷灰石；将材料 C 换成粉色碧玺。

Ethnic

145

 耳环 项链 05 06 穿入 → 连接 不规则天青石耳环 & 不规则天青石项链
▶制作方法详见 P148、149

146

锁骨链　发夹
07 | **08**

连接

羽毛装饰锁骨链 &
羽毛装饰发夹
▶制作方法详见 P150、151

05 不规则形状的天然石突出了个性。

不规则天青石耳环

可使用相同的配饰 ---> 详见 **P149**

所需材料

Ⓐ 天青石（17~22mm，长牙碎石）…6 个
Ⓑ 橙色月光石（5~10mm，碎石）…8 个
Ⓒ 米珠（2mm，渐变金色）…8 个
Ⓓ 金属线（0.41mm，镀金）…7cm，2 根
Ⓔ 链条（镀金）…2.5cm，4 条
Ⓕ 圆环（0.5mm×2.8mm，镀金）…2 个
Ⓖ 耳环配件（3mm，附环，镀金）…1 对

所需工具

• 圆口钳
• 平口钳
• 钳子
• 锥子

制作方法

连接配饰

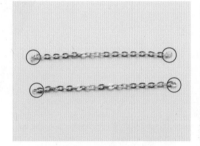

1 若链条链圈的尺寸较小，可用锥子将两端的链圈扩大（参照 P16）。

2 在金属线上穿入链条，并制作眼镜扣（参照 P13）。

3 在金属线上交错穿入 3 个天青石和 3 个米珠，接着再依次穿入 2 个橙色月光石、1 个米珠、2 个橙色月光石。

4 用手轻轻弯曲金属线，并穿入另一链条，制作眼镜扣。

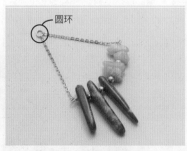

5 用圆环连接 2 条链条的另一端（参照 P13）。

安装金属配件

6 连接步骤 5 的配饰和耳环配件。按照同样的方法制作另一只耳环。

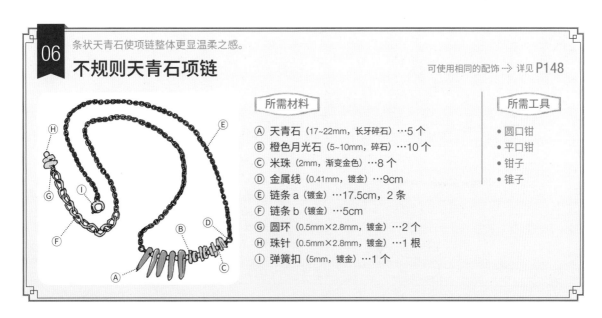

06 条状天青石使项链整体更显温柔之感。

不规则天青石项链

可使用相同的配饰 ⋯⋙ 详见 P148

所需材料

- Ⓐ 天青石（17~22mm，长牙碎石）⋯5 个
- Ⓑ 橙色月光石（5~10mm，碎石）⋯10 个
- Ⓒ 米珠（2mm，渐变金色）⋯8 个
- Ⓓ 金属线（0.41mm，镀金）⋯9cm
- Ⓔ 链条a（镀金）⋯17.5cm，2 条
- Ⓕ 链条b（镀金）⋯5cm
- Ⓖ 圆环（0.5mm×2.8mm，镀金）⋯2 个
- Ⓗ 珠针（0.5mm×2.8mm，镀金）⋯1 根
- Ⓘ 弹簧扣（5mm，镀金）⋯1 个

所需工具

- 圆口钳
- 平口钳
- 钳子
- 锥子

Ethnic

制作方法

连接配件

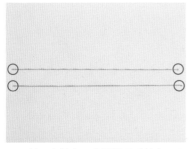

1 若 2 条链条 a 的链圈尺寸较小，可用锥子将两端的链圈扩大（参照 P16）。

链条 a

2 在金属线上穿入链条 a，并制作眼镜扣（参照 P13）。

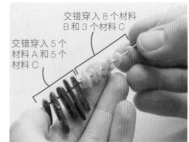

交错穿入 8 个材料 B 和 3 个材料 C

交错穿入 5 个材料 A 和 5 个材料 C

3 在金属线上交错穿入 5 个天青石和 5 个米珠，接着穿入 2 个橙色月光石和 3 个米珠（第 4 次无须穿入米珠）。

穿入月光石

安装金属配件

轻轻弯曲

4 用手轻轻弯曲金属线，并穿入另一链条 a，制作眼镜扣。

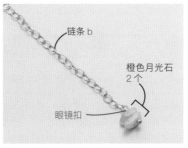

链条 b

橙色月光石 2 个

眼镜扣

5 在珠针上穿入 2 个橙色月光石，接着穿入链条 b，制作眼镜扣。

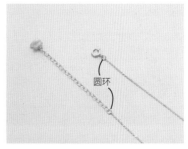

圆环

6 依次用圆环将弹簧扣和步骤 5 的配饰分别连接在链条 a 的另一端（参照 P13）。

07 点缀有羽毛元素的饰品具有浓厚的民族风。

羽毛装饰锁骨链

可使用相同的配饰 ⟶ 详见 P151、184、185

所需材料

Ⓐ 羽毛（约9cm，混色）…2 片
Ⓑ 绿松石（约 4mm）…2 个
Ⓒ 贝壳隔片（2~3mm，粉色混色）…50 个
Ⓓ 米珠（2mm，镀金）…4 个
Ⓔ 金属线（0.41mm，镀金）…8cm，2 根
Ⓕ 金属软线（0.41mm，镀金）…5cm，2 根
Ⓖ 包扣（4mm，镀金）…2 个
Ⓗ 定位珠（2mm×1mm，镀金）…2 个
Ⓘ 链条（镀金）…70cm
Ⓙ 圆环（0.5mm×2.8mm，镀金）…2 个

所需工具

• 平口钳 • 圆口钳 • 钳子 • 锥子

制作方法

制作并连接配饰

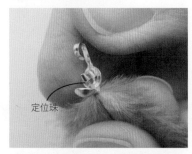

1 在羽毛前端穿入定位珠和包扣，并用平口钳压平定位珠。

定位珠

2 用平口钳闭合包扣和卡钩（参照P15）。重复此步骤制作另一个配饰。

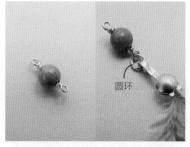

3 在金属软线上穿入绿松石，并在两端制作出眼镜扣。重复此步骤制作另一个配饰，接着用圆环将其分别连接羽毛配饰的卡钩（参照 P13）。

圆环

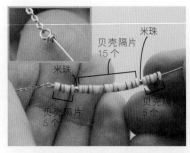

4 用锥子打开链条两端的链圈（参照P16）。接着将链条和金属线相连接，并制作眼镜扣，并依次穿入 5 个贝壳隔片、1 个米珠、15 个贝壳隔片、1 个米珠、5 个贝壳隔片。

米珠
贝壳隔片 15 个
米珠
贝壳隔片 5 个
贝壳隔片 5 个

5 将步骤 4 的金属线穿入步骤 3 的其中一个绿松石配饰的另一端，并制作出眼镜扣。

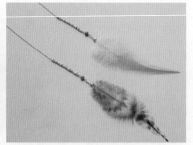

6 在链条的另一端按照步骤 4 和 5，连接金属线并制作眼镜扣、穿入米珠和贝壳隔片、连接另一个绿松石配饰，制作眼镜扣。

08 羽毛装饰发夹

从发尾垂坠的羽毛特别吸睛。若头发较短，可相应缩短链条的长度。

可使用相同的配饰 →详见 P150、184、185

所需材料

Ⓐ 羽毛（约 9cm，混色）⋯2 片
Ⓑ 绿松石（约 4mm）⋯2 个
Ⓒ 贝壳隔片（2~3mm，粉色混色）⋯50 个
Ⓓ 米珠（2mm，镀金）⋯4 个
Ⓔ 金属线（0.41mm，镀金）⋯8cm，2 根
Ⓕ 金属软线（0.41mm，镀金）⋯5cm，2 根
Ⓖ 定位珠（2mm×1mm，镀金）⋯2 个
Ⓗ 包扣（4mm，镀金）⋯2 个
Ⓘ 链条（镀金）⋯15cm

Ⓙ 圆环（0.5mm×2.8mm，镀金）⋯3 个
Ⓚ 发夹（41mm，茶色）⋯1 根

所需工具

• 平口钳   • 钳子
• 圆口钳   • 锥子

制作方法

制作并连接配饰

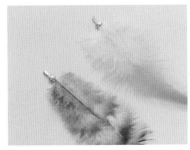

1 与羽毛装饰锁骨链的步骤 1、2 相同，在羽毛前端穿入定位珠和包扣，并用平口钳压平定位珠、闭合包扣和卡钩。按此步骤制作出 2 个羽毛配饰。

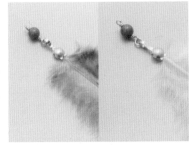

2 在金属软线上穿入绿松石，并在两端制作出眼镜扣（参照 P13）。接着用圆环将其分别连接步骤 1 的羽毛配饰的卡钩（参照 P13）。按此步骤制作另一个羽毛配饰。

3 若链条的链圈较小，可用锥子将其扩大（参照 P16）。接着将链条和金属线相连接并制作眼镜扣（参照 P13）。

安装金属配件

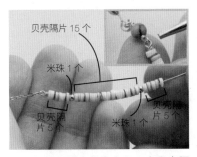

贝壳隔片 15 个
米珠 1 个
贝壳隔片 5 个
米珠 1 个
贝壳隔片 5 个

4 在金属线上依次穿入 5 个贝壳隔片、1 个米珠、15 个贝壳隔片、1 个米珠、5 个贝壳隔片。接着穿入步骤 2 的其中一个绿松石配饰，并制作出眼镜扣。

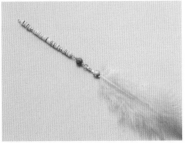

5 在另一根金属线上也制作出眼镜扣，并同步骤 4，穿入贝壳隔片、米珠，接着穿入步骤 2 的另一个绿松石配饰，然后制作出眼镜扣。

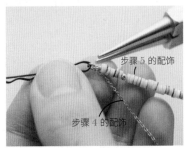

步骤 5 的配饰

步骤 4 的配饰

6 用圆环连接链条的另一端，步骤 5 的配饰和发夹（参照 P13）。

Ethnic

连接

异域风绿松石耳环 &
异域风绿松石胸针
▶制作方法详见 P154、155

穿入 → 连接

链条流苏耳环 & 链条流苏项链

▶制作方法详见 P156、157

耳环
11

项链
12

绿色与金色的搭配流露着异域风情。

异域风绿松石耳环

可使用相同的配饰 --> 详见 P32、33、50、155

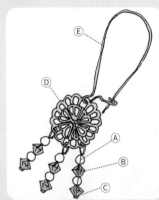

所需材料

A 丝状珍珠（2mm，白色）…12 个
B 施华洛世奇水晶（#5328，3mm，绿松石）…12 个
C T 形针（0.6mm×30mm，金色）…6 根
D 镂空配件（约 12mm，茶色，金色）…2 个
E 耳环配件（附钩状扣，金色）…1 对

所需工具

• 平口钳
• 圆口钳
• 钳子

制作配饰

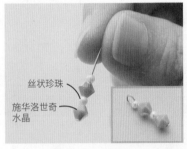

丝状珍珠
施华洛世奇水晶

1 在 T 形针上依次交错穿入 2 个施华洛世奇水晶、丝状珍珠，并用圆口钳弄圆前端（参照 P12）。按此步骤制作 3 个配饰。

连接配饰

2 打开步骤 1 的 T 形针的环圈，并连接镂空配件外侧的孔圈，然后闭合环圈。

间隔 1 个孔

3 依次将其余 2 个配饰连接至镂空配件，每个配饰之间需间隔 1 个孔。

安装金属配件

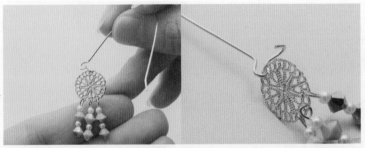

4 在镂空配件上方的外侧孔圈内穿入耳环配件。按照同样的方法制作另一只耳环。

进行改造

将材料 B 换成施华洛世奇水晶（#5328，3mm，黑玉）。

按照制作异域风绿松石耳环的方法制作异域风胸针。

异域风绿松石胸针

可使用相同的配饰 ⟶ 详见 P33、50、154

所需材料

Ⓐ 丝状珍珠（2mm，白色）…10 个
Ⓑ 施华洛世奇水晶（#5328，3mm，绿松石）…
10 个
Ⓒ Ｔ形针（0.6mm×30mm，金色）…5 根
Ⓓ 镂空胸针底座（四边形，25mm×45mm，金色）…1 个

所需工具

• 平口钳
• 圆口钳

Ethnic

制作方法

制作配饰

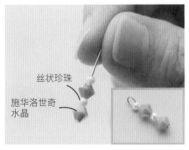

丝状珍珠
施华洛世奇水晶

1 在Ｔ形针上依次交错穿入 2 个施华洛世奇水晶、丝状珍珠，并用圆口钳弄圆前端（参照 P12）。按照此步骤制作 5 个配饰。

连接配饰

2 打开步骤 1 的Ｔ形针的环圈，并连接在镂空胸针底座外侧的孔圈内，然后闭合环圈。

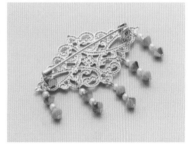

3 参考图片，等距连接其余 4 个配饰。

进行改造

异域风绿松石鞋夹

【所需材料】
• 丝状珍珠（2mm，白色）…24 个
• 施华洛世奇水晶（#5328，3mm，绿松石）…24 个
• 布（5cm×5cm，黑色）…2 片
• 镂空配件（三角形，约33mm，镀金）…2 个
• Ｔ形针（0.6mm×30mm，金色）…12 根
• 鞋夹配件（附毛毡，金色）…1 对

【制作方法】
① 在Ｔ形针上依次交错穿入 2 个施华洛世奇水晶、丝状珍珠，并用圆口钳弄圆前端（参照 P12）。按此步骤制作 6 个配饰。
② 参照异域风绿松石胸针制作方法，将Ｔ形针穿入镂空配件，然后用钳子剪去多余部分，并弄圆前端。
③ 根据镂空配件的形状裁剪布料，并用黏着剂将其黏固在步骤②的配饰背面。
④ 用黏着剂将步骤③的配饰黏固在鞋夹配件上。

11 用链条制作而成的流苏彰显成熟的气质。

链条流苏耳环

可使用相同的配饰 ⟶ 详见 P150、151、157、184、185

所需材料

Ⓐ 虎眼石（7~10mm，碎石）…4 个
Ⓑ 天河石（3mm，蓝色）…1 个
Ⓒ 硅硼钙石（3mm，白色）…1 个
Ⓓ 米珠（2mm，镀金）…2 个
Ⓔ 金属软线（0.41mm，镀金）…5cm，2 根
Ⓕ 链条（镀金）…5cm，14 条
Ⓖ 圆环（0.64mm×4mm，镀金）…2 个
Ⓗ 耳环配件（20mm，U 形，镀金）…1 对

所需工具

- 平口钳
- 圆口钳
- 钳子
- 锥子

制作方法

制作配饰

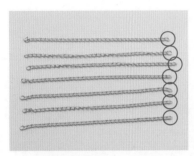

1 若链条的链圈较小，可用锥子将一端的链圈扩大（参照 P16）。

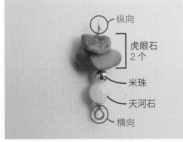

2 参考图片，在金属软线上穿入天河石、米珠、2 个虎眼石，并在两端制作眼镜扣。制作眼镜扣时，上下两端的环圈分别为纵向、横向环圈。

3 将 7 条链条全部穿入圆环（参照 P13），接着将圆环连接在步骤 2 的配饰下方的眼镜扣上。

安装金属配件

4 在纵向眼镜扣处连接耳环配件。

5 制作另一只耳环时将天河石换成硅硼钙石，并按照同样的方式制作。

进行改造

左：将材料 A 换成缟玛瑙；将材料 B 换成珊瑚。右：将材料 A 换成缟玛瑙；将材料 B 换成雨花石。

12

流苏与3种天然石的巧妙搭配使项链十分美丽。

链条流苏项链

可使用相同的配饰 ➡ 详见 P150、151、156、184、185

所需材料

Ⓐ 虎眼石（7~10mm，碎石）…16 个
Ⓑ 天河石（3mm，蓝色）…58 个
Ⓒ 硅硼钙石（3mm，白色）…170 个
Ⓓ 米珠（2mm，镀金）…10 个
Ⓔ 金属线（0.3mm，金色）…90cm
Ⓕ 定位珠（2mm×1mm，镀金）…2 个
Ⓖ 圆环（0.64mm×4mm，镀金）…2 个
Ⓗ 链条（镀金）…5cm，7 条
Ⓘ OT扣（9mm，镀金）…1 组

所需工具

• 平口钳
• 圆口钳
• 钳子
• 锥子

Ethnic

制作方法

处理金属线末端

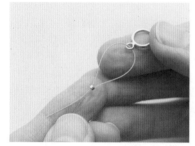

1 在金属线上穿入定位珠和O环，接着翻折金属线再次穿入定位珠。

2 拉紧金属线，并用平口钳压平定位珠进行固定（参照P15）。

穿入配饰

3 参考POINT，在金属线内穿入配饰。

安装金属配件

4 穿入T扣和定位珠，接着翻折金属线再次穿入定位珠。然后拉紧金属线，并用平口钳压定位珠进行固定。

5 若链条的链圈尺寸较小，可用锥子将一端的链圈扩大（参照P16）。最后，用圆环将其连接在O环上（参照P13）。

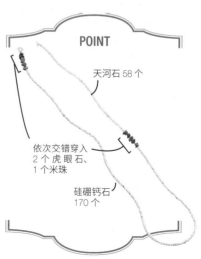

POINT

天河石 58 个

依次交错穿入2 个虎眼石、1 个米珠

硅硼钙石170 个

绑带
手链
13 | 耳环 **14**

13 编织　14 穿入 → 连接

波希米亚风绑带手链 & 波希米亚风耳环

▶制作步骤详见 P160 ～ 162

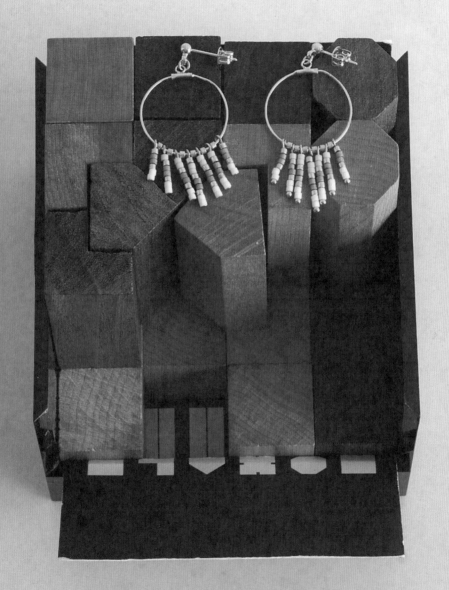

13 波希米亚风绑带手链

由不同颜色的种珠编织而成的手链，十分优雅。

可使用相同的配饰 —→ 详见 P162

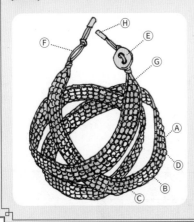

所需材料

- Ⓐ 种珠 a（1.5mm，金色）…324 个
- Ⓑ 种珠 b（1.5mm，白色）…162 个
- Ⓒ 种珠 c（1.5mm，绿色）…162 个
- Ⓓ 种珠 d（1.5mm，粉色）…162 个
- Ⓔ 纽扣（12mm，金色）…2 个
- Ⓕ 皮绳（宽 15mm，白色）…60cm，2 根
- Ⓖ 渔线（2 号）…25m
- Ⓗ 尾帽（3.3mm，无环，金色）…2 个

所需工具

- 钳子
- 黏着剂
- 牙签

制作方法

编织米珠

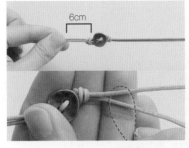

1 并拢 2 根皮绳，并在距离末端 6cm 处系结。将其中 1 根皮绳穿入纽扣后与另 1 根系在一起。接着将渔线对折形成一个圈，并穿入 1 根皮绳。

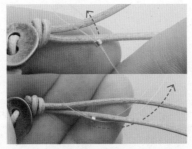

2 将渔线的两端一同穿入 1 个种珠 a 内，并将种珠 a 向上推，接着将渔线沿皮绳由下往上缠绕。

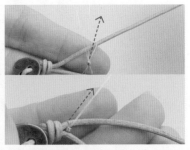

3 将两端的渔线绕过上方皮绳从下方一起穿入步骤 2 的种珠 a，接着拉紧渔线。

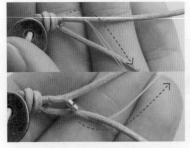

4 将渔线沿下缠绕在皮绳上。接着将渔线两端一同穿入 2 个种珠 a，并由下往上缠绕在皮绳上。

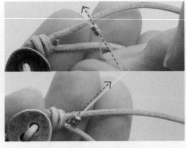

5 将渔线两端从下方一同穿入步骤 4 的 2 个种珠 a，接着拉紧渔线。

6 同步骤 4，将渔线缠绕在皮绳上。接着将渔线两端一起穿入 2 个种珠 a、1 个种珠 b，并同步骤 5，将渔线绕下方皮绳由下往上缠绕。然后再穿入 1 个种珠 b，并拉紧渔线。

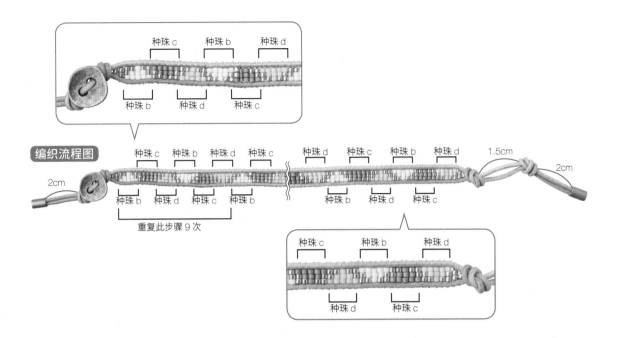

编织流程图

种珠 c　种珠 b　种珠 d

种珠 b　种珠 d　种珠 c

2cm

种珠 c　种珠 b　种珠 d　种珠 c　　种珠 d　种珠 c　种珠 b　种珠 d

种珠 b　种珠 d　种珠 c　种珠 b　　种珠 b　种珠 c　种珠 d

重复此步骤 9 次

1.5cm

2cm

种珠 c　种珠 b　种珠 d

种珠 d　种珠 c

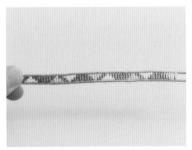

7　按照步骤 4 和 5 的方法，并对应编织流程图编织。

在皮绳处缠绕渔线

8　编织好后，将渔线朝图中箭头所示的方向穿入皮绳，并缠绕 2~3 圈以固定。

9　剪去多余的渔线。

Ethnic

处理皮绳

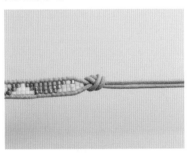

10　将皮绳在米珠附近系一个结。

间隔约 1.5cm

11　在距离步骤 10 的结 1.5cm 左右，再次系一个结 (参照 P162 的 POINT)。

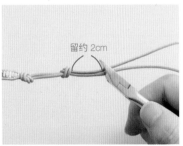

留约 2cm

12　将皮绳留约 2cm 的长度，并用钳子剪去多余部分。

安装金属配件

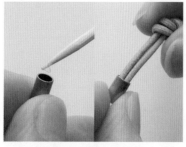

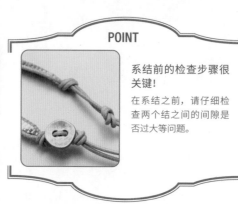

POINT

系结前的检查步骤很关键!

在系结之前，请仔细检查两个结之间的间隙是否过大等问题。

13 用牙签将黏着剂涂在尾帽内壁，并将尾帽装固在皮绳前端。按照同样方法制作另一边的皮绳。

14

波希米亚风耳环，其流苏摇摆发出的清脆声音十分迷人。

波希米亚风耳环

可使用相同的配饰 ┈> 详见 **P160**

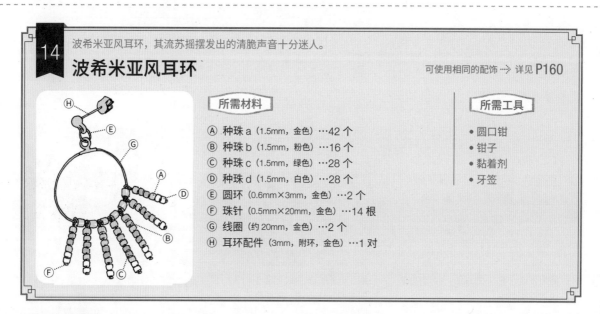

所需材料

- Ⓐ 种珠a（1.5mm，金色）…42 个
- Ⓑ 种珠b（1.5mm，粉色）…16 个
- Ⓒ 种珠c（1.5mm，绿色）…28 个
- Ⓓ 种珠d（1.5mm，白色）…28 个
- Ⓔ 圆环（0.6mm×3mm，金色）…2 个
- Ⓕ 珠针（0.5mm×20mm，金色）…14 根
- Ⓖ 线圈（约 20mm，金色）…2 个
- Ⓗ 耳环配件（3mm，附环，金色）…1 对

所需工具

- 圆口钳
- 钳子
- 黏着剂
- 牙签

制作配饰

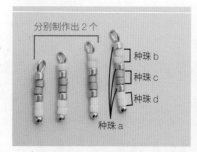

1 参考图片，将种珠穿入珠针，并用圆口钳弄圆前端（参照 P12）。

穿入配饰

2 将步骤 1 的珠针和种珠 a 交错穿入线圈内。

安装金属配件

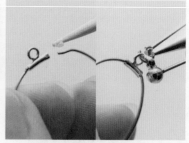

3 用牙签将黏着剂涂在线圈前端，并固定线圈（参照 P14）。待黏着剂干燥后，用圆环将其与耳环配件的环圈相连。

第5章

Marine

海洋风

清新的蓝色让人联想到贝壳、海星与大海。
一起制作海洋风格的首饰吧！

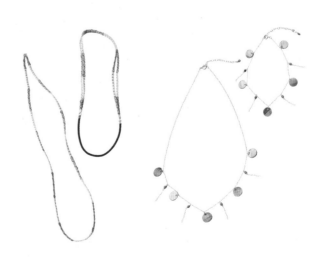

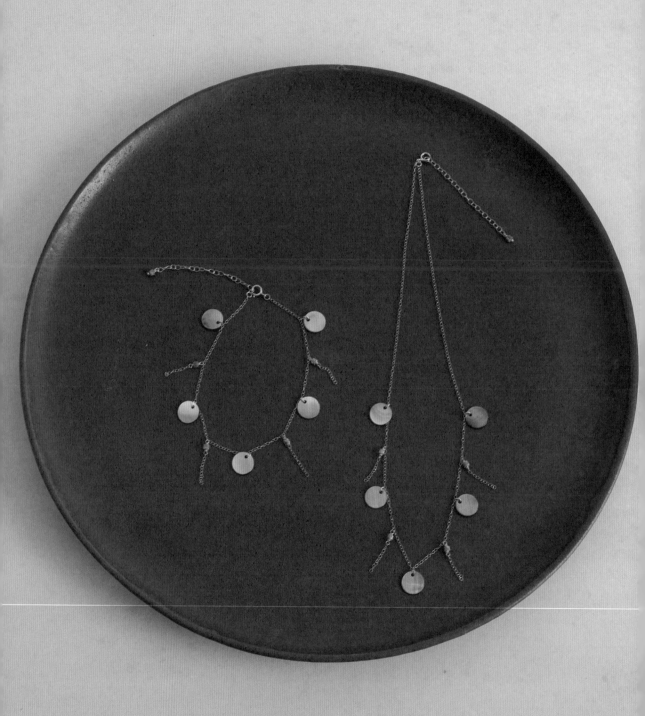

03 粘贴 — 连接 04 连接

贝壳挂件耳环 & 贝壳挂件发绳
制作方法详见 P168、169

01 贝壳薄片脚链是一款风格较为简约的饰品，适合成熟女性佩戴。

贝壳薄片脚链

可使用相同的配饰 ⋯⋯> 详见 **P167**

所需材料

- Ⓐ 贝壳薄片（10mm，黑色）⋯5 个
- Ⓑ 绿松石（2~2.5mm）⋯5 个
- Ⓒ 金属软线（0.41mm，镀金）⋯5cm，4 根
- Ⓓ 链条 a（镀金）⋯19cm
- Ⓔ 链条 b（镀金）⋯1.5cm，4 条
- Ⓕ 链条 c（镀金）⋯5cm
- Ⓖ 圆环（0.5mm×2.8mm，镀金）⋯7 个
- Ⓗ 珠针（0.5mm×25.4mm，金色）⋯1 根
- Ⓘ 弹簧扣（5mm，镀金）⋯1 个

所需工具

- 平口钳
- 圆口钳
- 钳子

制作方法 🐰

连接配饰

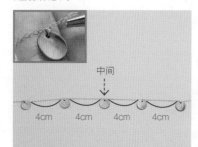

1 用圆环将 1 个贝壳薄片连接在链条 a 的中间（参照 P13）。接着按照同样的方法，分别向贝壳薄片两边每间隔 4cm 连接 1 个贝壳薄片。

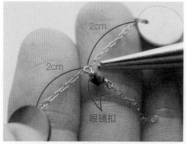

2 用金属软线连接 1 条链条 b，并制作眼镜扣（参照 P13）。接着将金属软线穿入 1 个绿松石，并在链条 a 上距离贝壳薄片 2cm 处穿入金属软线，然后制作眼镜扣。

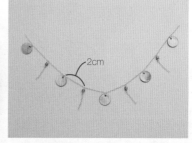

3 按照步骤 2 的方法，连接其余 3 个绿松石配件。

穿入绿松石

4 在珠针上穿入 1 个绿松石，并连接链条 c，制作眼镜扣。

安装金属配件

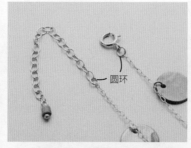

5 在链条 a 的两端分别用圆环连接步骤 4 的延长链和弹簧扣。

进行改造

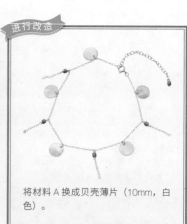

将材料 A 换成贝壳薄片（10mm，白色）。

02 在制作贝壳薄片脚链的基础上，更换较长的链条，就可制作出项链。

贝壳薄片项链

可使用相同的配饰 --> 详见 **P166**

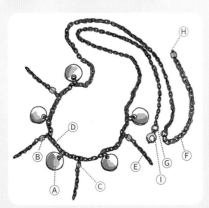

所需材料

- A 贝壳薄片（10mm，黑色）…5 个
- B 绿松石（2~2.5mm）…5 个
- C 金属软线（0.41mm，镀金）…5cm，4 根
- D 链条 a（镀金）…39cm
- E 链条 b（镀金）…1.5cm，4 条
- F 链条 c（镀金）…5cm
- G 圆环（0.5mm×2.8mm，镀金）…7 个
- H 珠针（0.5mm×25.4mm，金色）…1 根
- I 弹簧扣（5mm，镀金）…1 个

所需工具

- 平口钳
- 圆口钳
- 钳子

制作方法

连接配饰

1 用圆环将 1 个贝壳薄片连接在链条 a 的中间（参照 P13）。

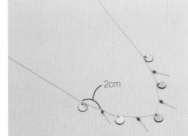

2 从步骤 1 的贝壳薄片开始，分别向左右两边每间隔 4cm 连接 1 个圆形薄片。接着，参考贝壳薄片脚链的步骤 2，用金属软线连接链条 b，并制作眼镜扣，接着穿入绿松石，并在链条 a 上距离贝壳薄片 2cm 处穿入金属软线，并制作眼镜扣。

穿入绿松石

3 在珠针上穿入 1 个绿松石，并连接链条 c，制作眼镜扣（参照 P13）。

安装金属配件

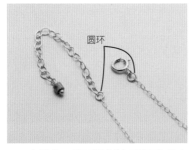

圆环

4 在链条 a 的两端分别用圆环连接步骤 3 的延长链和弹簧扣。

进行改造

将材料 A 换成贝壳薄片（10mm，白色）。

Marine

167

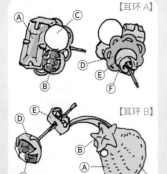

03 装饰有贝壳与海星元素的饰品，夏日感十足。

贝壳挂件耳环

【耳环 A】

【耳环 B】

【所需材料】

【耳环 A 所需材料】

Ⓐ 玻璃碎石 a（5mm×10mm，附爪框，透明）…1 个

Ⓑ 玻璃碎石 b（6mm，附爪框，浅玫粉）…1 个

Ⓒ 棉花珍珠（6mm，单孔，白色）…1 个

Ⓓ 镂空配件（10mm，附 8 片花瓣，金色）…1 个

Ⓔ 耳环配件（6mm，附圆形托片，金色）…1 个

Ⓕ 耳夹（6mm，金色）…1 个

【耳环 B 所需材料】

Ⓐ 贝壳饰件（14mm×12mm，附环，金色）…1 个

Ⓑ 海星饰件（8mm×9mm，附环和珍珠，金色）…1 个

Ⓒ 玻璃碎石（6mm，附爪框，浅玫粉）…1 个

Ⓓ 耳环配件（3mm，圆形托片，金色）…1 个

Ⓔ 耳夹（6mm，金色）…1 个

Ⓕ UV 树脂（硬款）…适量

【所需工具】 •钳子 •黏着剂 •牙签 •UV 灯

制作方法

耳环 A

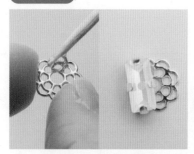

1 在镂空配件的左半侧薄薄地涂一层黏着剂，接着贴固玻璃碎石 a（参照 P14）。

黏着配饰

棉花珍珠

玻璃碎石 b

2 在镂空配件的右半侧薄薄地涂一层黏着剂，再贴固玻璃碎石 b、棉花珍珠。

安装金属配件

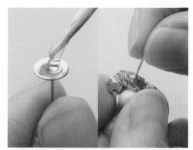

3 在耳环配件的圆形托片表面薄薄地涂一层黏着剂，并黏着在镂空配件背面的中央。

耳环 B

1 用钳子分别剪下贝壳饰件和海星饰件上的环圈，接着在贝壳饰件右上方涂黏着剂，并贴固海星饰件。

黏着配饰

2 在贝壳饰件内侧涂 UV 树脂以填平凹槽，并用 UV 灯照射约 5 分钟，使其固化。接着在耳夹的圆形托片处涂一层黏着剂，并贴固在贝壳饰件的内侧。

安装金属配件

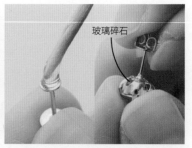

玻璃碎石

3 在耳环配件的圆形托片表面涂一层黏着剂，并贴固在玻璃碎石的上方。

04 由贝壳和水晶装饰而成的发绳，给人清爽的感觉。该发绳也可作为手链佩戴。

贝壳挂件发绳

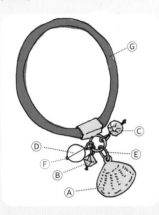

所需材料

- Ⓐ 贝壳饰件（22mm×23mm，金色）…1 个
- Ⓑ 施华洛世奇水晶（5mm，#5328，蓝色）…1 个
- Ⓒ 玻璃米珠（6mm，粉色）…1 个
- Ⓓ 丝状珍珠（8mm，白色）…1 个
- Ⓔ 圆环（0.8mm×5mm，金色）…1 个
- Ⓕ T 形针（0.6mm×15mm，金色）…3 根
- Ⓖ 发绳（附环，黑色）…1 根

所需工具

- 平口钳
- 圆口钳
- 钳子

制作方法

制作配饰

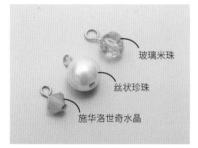

玻璃米珠
丝状珍珠
施华洛世奇水晶

1 分别将施华洛世奇水晶、丝状珍珠和玻璃米珠穿入 T 形针；接着再分别用圆口钳弄圆 T 形针的前端（参照 P12）。

连接配饰

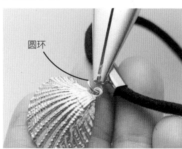

圆环

2 将圆环穿入贝壳饰件的环圈，并将其连接发绳的环圈（参照 P13）。

3 打开步骤 1 的玻璃米珠的环圈，并将其连接在贝壳饰件的右侧。

4 接着打开步骤 1 的施华洛世奇水晶的环圈，并将其连接在贝壳饰件的左侧。

5 打开步骤 1 的丝状珍珠的环圈，并将其连接在施华洛世奇水晶的左侧。

进行改造

将材料 B 换成珊瑚（粉色，2 个），将材料 C 换成珊瑚（白色，2 个）。

marine

戒指 项链
05 | 06

05 粘贴　06 粘贴 → 连接

海洋风玻璃圆球戒指 & 海洋风玻璃圆球项链

▶制作方法详见 P172、173

発带 項链
07 | **08**

连接

编织绳发带 & 编织绳项链
制作方法详见 P174、175

05 海洋风玻璃圆球戒指

蓝色的种珠与透明的玻璃圆球相搭配，夏日气息扑面而来。

可使用相同的配饰 ⋯⟩ 详见 P173

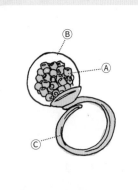

所需材料

Ⓐ 种珠（蓝色）⋯约 90 个
Ⓑ 玻璃圆球（16mm）⋯1 个
Ⓒ 戒托（10mm，附圆形托片，金色）⋯1 个

所需工具

- 黏着剂
- 牙签

制作方法

制作配饰

1 将种珠全部放入玻璃圆球内。

安装金属配件

2 在戒托的圆形托片处薄薄地涂一层黏着剂（参照 P14）。

3 将圆形托片完全覆盖玻璃圆球的开口。

POINT

用透明胶带固定玻璃圆球，便于操作。

进行改造

将材料 A 换成种珠（红色）。

装有许多种珠的玻璃圆球项链，让人感觉夏日气息十足。

海洋风玻璃圆球项链

可使用相同的配饰 ⟶ 详见 P172

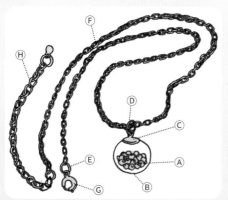

所需材料

Ⓐ 种珠（蓝色）…约 90 个
Ⓑ 玻璃圆球（16mm）…1 个
Ⓒ 帽托吊环（10mm，金色）…1 个
Ⓓ 圆环 a（0.7mm×4mm，金色）…1 个
Ⓔ 圆环 b（0.6mm×3mm，金色）…2 个
Ⓕ 链条（金色）…39cm
Ⓖ 弹簧扣（6mm，金色）…1 个
Ⓗ 延长链（金色）…6cm

所需工具

• 平口钳
• 圆口钳

制作方法

制作配饰

1 将种珠全部放入玻璃圆球内。

2 在帽托吊环处涂一层黏着剂，并将其完全覆盖玻璃圆球的开口。

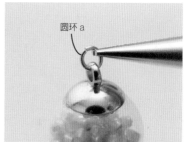

圆环 a

3 待黏着剂完全干燥后，在帽托吊环的环上连接圆环 a（参照 P13）。

marine

安装金属配件

4 在圆环 a 内穿入链条。

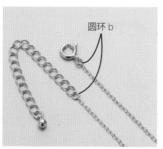

圆环 b

5 分别用圆环 b 将弹簧扣和延长链连接在链条的两端。

进行改造

海洋风玻璃圆球耳环

【所需材料】
• 种珠（蓝色）…约 40 个
• 玻璃圆球（10mm）…2 个
• 帽托吊环（6mm，金色）…2 个
• 圆环（0.6mm×3mm，金色）…4 个
• 链条（金色）…30mm，2 条
• 耳环配件（附钩状扣，金色）…1 对

【制作方法】
将种珠放入玻璃圆球内，接着在帽托吊环上涂一层黏着剂，并将其完全覆盖玻璃圆球的开口。待黏着剂干燥后，在帽托吊环的环上连接圆环。最后用圆环连接链条，用另一个圆环将链条另一端与耳环配件相连接。按照同样的方法制作另一只耳环。

编织绳发带

乍一看制作颇有难度，但做法实际十分简单。编织绳发带配色丰富，使人心情愉悦。

可使用相同的配饰 ⟶ 详见 P175

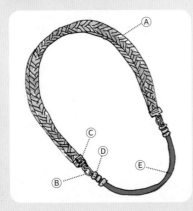

所需材料

- Ⓐ 编织绳（蓝色×粉色×绿色）…35cm，2 根
- Ⓑ 圆环（0.6mm×3mm，金色）…2 个
- Ⓒ 绳扣（条纹，附环，6mm，金色）…2 个
- Ⓓ 四合扣（3mm，金色）…2 个
- Ⓔ 发绳（黑色）…15cm

所需工具

- 平口钳
- 圆口钳
- 剪刀
- 牙签

制作方法

处理编织绳末端

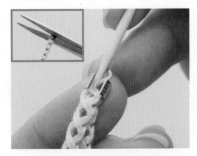

1　用剪刀将编织绳的末端剪裁平整。接着并拢 2 根编织绳，装嵌绳扣。用牙签辅助，操作会更方便。

2　用平口钳分别弯折爪托，并用力压固。按照同样的方法处理编织绳另一端。

处理发绳边端

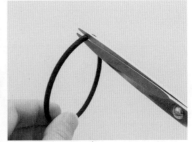

3　用剪刀剪断发绳。

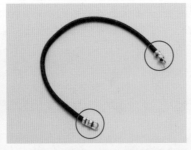

4　将四合扣覆盖在发绳的一端，并用平口钳压平、固定。

此处压平

5　按照与步骤 4 同样的方法处理发绳的另一端。

连接配饰

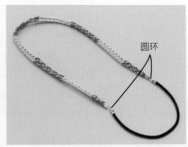

圆环

6　分别用圆环连接步骤 2 的配饰和步骤 5 的配饰（参照 P13）。

编织绳项链是夏日热门饰品，将其调整长度后可作为手链使用。

编织绳项链

可使用相同的配饰 ⋯➤ 详见 P174

所需材料

Ⓐ 编织绳（蓝色 × 粉色 × 绿色）⋯78cm
Ⓑ 圆环（0.6mm×3mm，金色）⋯2 个
Ⓒ 绳扣（条纹，附环，6mm，金色）⋯2 个
Ⓓ 磁铁扣（6mm×7mm，金色）⋯1 个

所需工具

• 平口钳
• 圆口钳
• 剪刀

制作方法

marine

处理编织绳末端

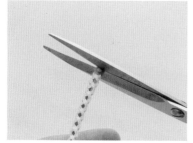

1 用剪刀将编织绳末端剪裁平整。

2 在编织绳的端头装嵌绳扣，并用平口钳弯折爪托、用力压固。按同样的方法处理编织绳另一端。

连接配饰

圆环

3 用圆环将磁铁扣连接在绳扣的环圈上（参照 P13）。

4 同样用圆环将磁铁扣连接在另一端绳扣的环圈上。

进行改造

编织绳手链

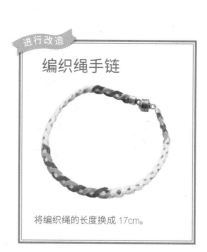

将编织绳的长度换成 17cm。

穿入 → 连接

**海星 × 天青石圈圈耳环 &
海星 × 天青石圈圈项链**
▶制作方法详见 P180、181

09

以贝壳形水晶为主题的一对耳环，十分独特。

闪光贝壳耳环

可使用相同的配饰 --> 详见 **P179**

所需材料

Ⓐ 施华洛世奇贝壳形水晶（#4789，14mm，翠绿色）…2个

Ⓑ 底托（#4789用）…2个

Ⓒ 亮金属片a（8mm）…2片

Ⓓ 亮金属片b（5mm）…4片

Ⓔ 丝状珍珠a（3mm，奶白色）…2个

Ⓕ 丝状珍珠b（4mm，香槟色）…2个

Ⓖ 米珠（迷你，银色）…18个

Ⓗ 渔线（2号）…约30cm，2根

Ⓘ 耳环配件（15mm，附多孔托片，金色）…1对

所需工具

• 平口钳　• 钳子
• 纸巾

制作方法

制作配饰

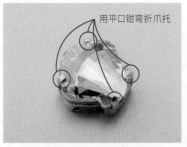

用平口钳弯折爪托

1 将施华洛世奇贝壳形水晶嵌入底托，并用平口钳弯折爪托加以固定（参照P16）。

用渔线编固配饰

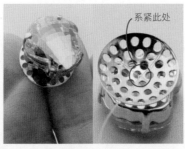

系紧此处

2 在步骤*1*的底托孔内穿入1根渔线，接着将底托放在多孔托片中间稍微往右的位置，并在背面系紧渔线2次左右加以固定。

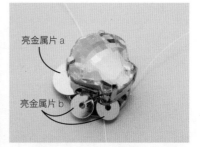

亮金属片a
亮金属片b

3 将渔线从孔内穿出，并穿入亮金属片a，将其固定在施华洛世奇贝壳形水晶的左侧，并在背面系紧渔线2次左右加以固定。接着按照同样的方法将2片亮金属片b穿入渔线，然后固定在施华洛世奇贝壳形水晶的左侧，并在背面系紧渔线2次左右加以固定。

安装金属配件

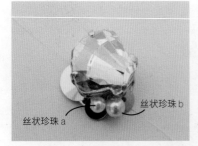

丝状珍珠a
丝状珍珠b

4 在渔线上穿入丝状珍珠a并叠放在亮金属片b上，在背面系紧渔线2次加以固定。接着将渔线的一端从孔内穿出，并穿入丝状珍珠b，然后固定在丝状珍珠b旁，并在背面系紧渔线2次左右，加以固定。

填补空隙

5 将渔线的另一端穿出多孔托片，并穿入米珠遮盖住空隙，同时在背面系紧渔线2次左右加以固定。固定好所有配饰后，剪去多余的渔线。

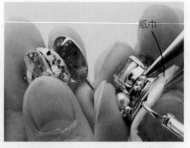

纸巾

6 装嵌耳环配件，并用平口钳弯折爪托加以固定。进行此步骤时可将纸巾垫于中间，以防受伤。然后，按照同样的方法制作另一只耳环，使两只耳环左右对称。

10

珍珠与贝壳形水晶相搭配，慵懒感十足。

闪光贝壳手镯

可使用相同的配饰 →> 详见 **P178**

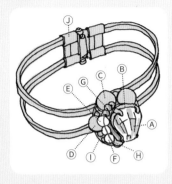

所需材料

Ⓐ 施华洛世奇贝壳形水晶（#4789，14mm，翠绿色）…1 个

Ⓑ 底托（#4789 用）…1 个

Ⓒ 亮金属片 a（8mm）…2 片

Ⓓ 亮金属片 b（5mm）…4 片

Ⓔ 丝状珍珠 a（4mm，香槟色）…1 个

Ⓕ 丝状珍珠 b（3mm，奶白色）…3 个

Ⓖ 米珠（迷你，银色）…8 个

Ⓗ 渔线（2 号）…约 60cm

Ⓘ 镂空配件（20mm，金色）…1 个

Ⓙ 手镯配件（附圆形托片，金色）…1 个

所需工具

• 平口钳　　• 钳子

• 黏着剂

制作方法

制作配饰

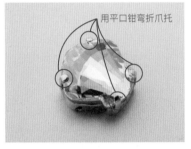

用平口钳弯折爪托

1 将施华洛世奇贝壳形水晶嵌入底托，并用平口钳弯折爪托加以固定（参照 P16）。

用渔线编固配饰

2 在底托孔内穿入 1 根渔线，接着将底托放在镂空配件的中央，并在背面系紧渔线 2 次左右，加以固定。

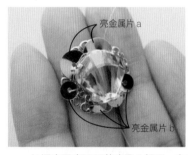

亮金属片 a

亮金属片 b

3 与闪光贝壳耳环的步骤 **3** 相同，在施华洛世奇贝壳形水晶的周围分别穿入 2 片亮金属片 a、4 片亮金属片 b，并在背面系紧渔线 2 次左右，加以固定。

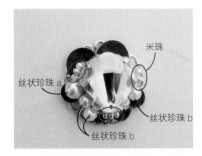

米珠

丝状珍珠 a

丝状珍珠 b

丝状珍珠 b

4 与闪光贝壳耳环的步骤 **4~5** 相同，并参考图片固定丝状珍珠 a、b。接着每次穿入 2~3 个米珠遮盖空隙，同时在背面系紧渔线 2 次左右，重复此方法固定 8 个米珠。

5 固定好所有配饰后，剪去多余的渔线。

安装金属配件

6 在手镯的圆形托片处涂满黏着剂，并将其黏着在步骤 **5** 的配饰上（参照 P14）。

marine

179

海星 × 天青石圈圈耳环

可使用相同的配饰 ⋯⟶ 详见 P181

所需材料

Ⓐ 棉花珍珠（6mm，双孔，浅黄色）⋯4 个

Ⓑ 天青石（7mm，蓝色）⋯4 个

Ⓒ 丝状珍珠（4mm，奶白色）⋯2 个

Ⓓ 南瓜珠（金色）⋯4 个

Ⓔ 金属雏菊配饰（金色）⋯8 个

Ⓕ 金属海星配饰（金色）⋯2 个

Ⓖ T 形针（0.5mm×20mm，金色）⋯2 根

Ⓗ 圆环 a（0.7mm×4mm，金色）⋯2 个

Ⓘ 圆环 b（0.6mm×3mm，金色）⋯2 个

Ⓙ 线圈（25mm，金色）⋯2 个

Ⓚ 耳环配件（金色）⋯1 对

所需工具

• 平口钳

• 圆口钳

• 钳子

• 黏着剂

制作方法

制作配饰

圆环 a

1 在 T 形针上穿入棉花珍珠，并用圆口钳弄圆前端（参照 P12）。

2 用圆环 a 连接金属海星配饰和步骤 1 的珍珠配饰（参照 P13）。

穿入配饰

棉花珍珠
天青石
金属雏菊配饰
南瓜珠

3 参考图片，依次将配饰穿进线圈。

安装金属配件

压固此处

4 在线圈的前端涂一层黏着剂并将其穿进孔内，然后用平口钳压平并固定。

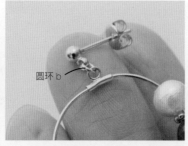

圆环 b

5 用圆环 b 连接耳环配件。按照同样的方法制作另一只耳环，使两只耳环左右对称。

进行改造

将材料 B 换成黄水晶；将材料 F 换成贝壳饰件。

海洋主题的梦幻项链。

海星 × 天青石圈圈项链

可使用相同的配饰 ⟶ 详见 P180

所需材料

Ⓐ 棉花珍珠（6mm，双孔，浅黄色）…9 个
Ⓑ 天青石（7mm，蓝色）…8 个
Ⓒ 丝状珍珠（4mm，奶白色）…1 个
Ⓓ 南瓜珠（金色）…3 个
Ⓔ 金属雏菊配饰（金色）…6 个
Ⓕ 金属海星配饰（金色）…1 个
Ⓖ T 形针（0.5mm×20mm，金色）…1 根
Ⓗ 9 字针（0.7mm×20mm，金色）…12 根
Ⓘ 圆环 a（0.7mm×4mm，金色）…11 个
Ⓙ 圆环 b（0.6mm×3mm，金色）…1 个

Ⓚ C 环（0.5mm×3mm，金色）…2 个
Ⓛ 线圈（30mm，金色）…1 个
Ⓜ 链条（金色）…18cm，2 条
Ⓝ 延长链（金色）…5cm
Ⓞ 虾扣（金色）…1 个

所需工具

• 平口钳　　• 钳子
• 圆口钳

marine

制作方法

制作配饰

1 参照海星 × 天青石圈圈耳环步骤 1~4，制作出线圈上的配饰（参考图中配饰的位置）。

2 分别用 9 字针穿入棉花珍珠和天青石，并用圆口钳弄圆前端（参照 P12）。按照此步骤分别制作出 6 个棉花珍珠配饰和 6 个天青石配饰。

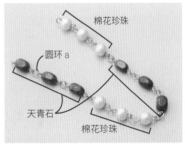

3 将制作出的配饰按图中位置排列，然后用圆环 a 连接各配饰（参照 P13）。

连接珍珠

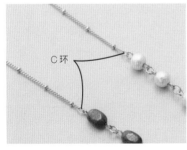

4 分别用 C 环将 2 条链条的一端连接步骤 3 的配饰。

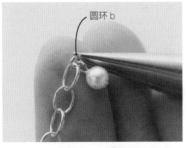

5 用圆环 b 将穿入 T 形针的丝状珍珠配饰连接在延长链的一端。

安装金属配件

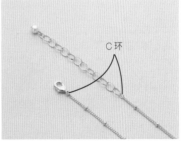

6 分别用 C 环将虾扣和延长链连接在 2 条链条的另一端。

耳环 | 脚链
13 | **14**

穿入 → 连接

朦胧月光链条耳环 &
朦胧月光链条双层脚链
▶制作方法详见 **P184、185**

手链 | 耳环
15 | 16

15 编织 16 穿入 → 连接

黑金三股绑带手链 &
黑金圈圈耳环
▶制作方法详见 P186 ～ 189

183

黑粉配色彰显成熟气质。

朦胧月光链条耳环

可使用相同的配饰 ⟶ 详见 P150、151、156、157、185

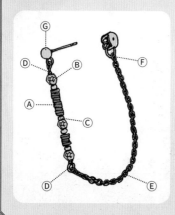

所需材料

- A 赤铁矿（约2.5mm，方形）…30 个
- B 橙色月光石（约3mm，碎石）…6 个
- C 米珠（2mm，镀金）…8 个
- D 金属线（0.41mm，镀金）…7cm，2 根
- E 链条（镀金）…7cm，2 条
- F 圆环（0.5mm×2.8mm，镀金）…2 个
- G 耳环配件（3mm，附环，镀金、耳夹）…1 对

所需工具

- 平口钳
- 圆口钳
- 钳子
- 锥子

制作方法

穿入配饰

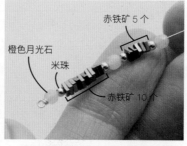

1 若链条的链圈较小，可用锥子将链圈扩大（参照 P16）。

2 用金属线制作眼镜扣（参照 P13）。接着依次穿入 1 个橙色月光石、1 个米珠、10 个赤铁矿、1 个米珠、1 个橙色月光石、1 个米珠、5 个赤铁矿、1 个米珠、1 个橙色月光石。

3 将金属线穿入步骤 1 的链条，制作眼镜扣。

安装金属配件

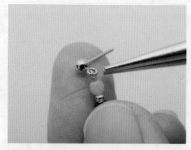

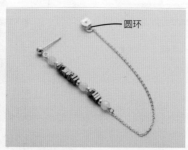

4 打开耳环配件的环圈，穿入金属线另一端并闭合。

5 用圆环连接链条另一端和耳夹。按照同样的方法制作另一只耳环。

进行改造

将材料 A 换成赤铁矿（铑金）；将材料 B 换成天青石。

佩戴在脚上的脚链。

朦胧月光链条双层脚链

可使用相同的配饰 ⋯⟶ 详见 P150、151、156、157、184

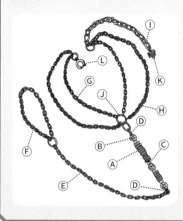

所需材料

- Ⓐ 赤铁矿（约2.5mm，方形）⋯17 个
- Ⓑ 橙色月光石（约3mm）⋯3 个
- Ⓒ 米珠（2mm，镀金）⋯4 个
- Ⓓ 金属线（0.41mm，镀金）⋯7cm
- Ⓔ 链条 a（镀金）⋯8.5cm
- Ⓕ 链条 b（镀金）⋯7cm
- Ⓖ 链条 c（镀金）⋯9.5cm，2 条
- Ⓗ 链条 d（镀金）⋯11.5cm，2 条
- Ⓘ 链条 e（镀金）⋯5cm
- Ⓙ 圆环（0.5mm×2.8mm，镀金）⋯4 个
- Ⓚ 珠针（0.5mm×25.4mm，镀金）⋯1 根
- Ⓛ 弹簧扣（5mm，镀金）⋯1 个

所需工具

- 平口钳
- 圆口钳
- 钳子
- 锥子

marine

制作方法

制作配饰

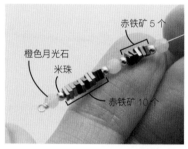

橙色月光石
米珠
赤铁矿 5 个
赤铁矿 10 个

1 若链条 a、b、c、d 的链圈较小，可用锥子将链条的两端链圈扩大（参照 P16）。接着用金属线制作眼镜扣（参照 P13），参照朦胧月光链条耳环的步骤 2，依次穿入图中的配饰。

2 将金属线穿入链条 a，制作眼镜扣。

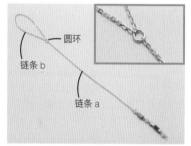

圆环
链条 b
链条 a

3 用圆环连接链条 a、链条 b 的两端（参照 P13）。

穿入赤铁矿

安装金属配件

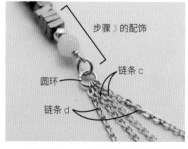

步骤 3 的配饰
圆环
链条 c
链条 d

4 将链条 c、d 穿入圆环，并连接步骤 3 的配饰。

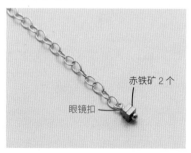

赤铁矿 2 个
眼镜扣

5 在珠针上穿入 2 个赤铁矿，并用圆口钳弄圆前端，再穿入链条 e，制作眼镜扣。

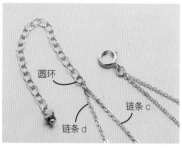

圆环
链条 c
链条 d

6 用圆环分别将步骤 4 的链条 c、链条 d 的两端连接在一起，然后再用圆环分别连接延长链和弹簧扣。

简约风格的绑带手链适合在度假时佩戴。

黑金三股绑带手链

可使用相同的配饰 --> 详见 **P189**

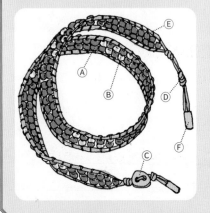

所需材料

Ⓐ 捷克珠 a（2mm，黑色）…281 个
Ⓑ 捷克珠 b（2mm，金色）…55 个
Ⓒ 纽扣（12mm，金色）…1 个
Ⓓ 皮绳（1.5mm，摩卡绿）…60cm，2 根
Ⓔ 渔线（2 号）…20m
Ⓕ 尾帽（3.3mm，无环，金色）…2 个

所需工具

• 平口钳
• 圆口钳
• 钳子
• 牙签
• 黏着剂

制作方法

处理编绳

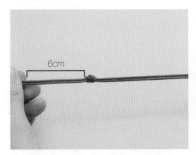

1 并拢 2 根皮绳，并在距离端头 6cm 处系一个结。

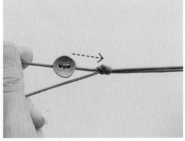

2 将 1 个纽扣穿入 1 根编绳，使其位于系结处。

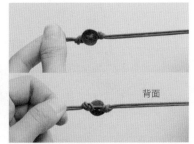

3 将 2 根皮绳合在一起打结。

编织捷克珠

4 将渔线对折形成一个圈，并穿进 1 根皮绳。

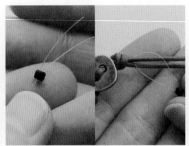

5 将渔线的两端一同穿入 1 个捷克珠 a，向上推至图示位置。

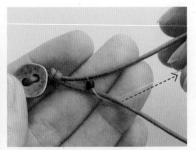

6 将渔线按图示向上缠绕。

编织流程图

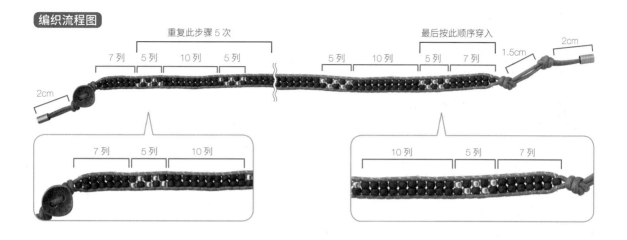

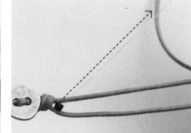

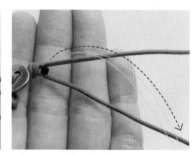

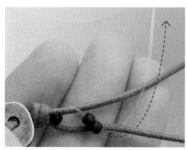

7　将2根渔线从下方穿入捷克珠 a。

8　拉紧渔线，并将捷克珠 a 编织在打结处。

9　将渔线按图示方向摆放。

10　将2根渔线一同穿入2个捷克珠 a，并将渔线从下方皮绳绕至上方皮绳上。

11　将2根渔线一同穿入2个捷克珠 a，并系紧。

12　重复步骤 9~11，共编织7列。参考上方编织流程图。

13 同步骤 *9*，将渔线从下方缠绕在上方的皮绳上。接着将 2 根渔线依次穿入捷克珠 a、捷克珠 b。

14 同步骤 *10*、*11*，将渔线缠绕在下方皮绳上，接着将渔线穿入步骤 *13* 的捷克珠，并拉紧渔线。

15 在渔线上交错穿入捷克珠 a 和捷克珠 b。按照此步骤制作出 5 列米珠。

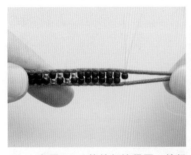

16 参照 P187 的编织流程图，编织好所有米珠。

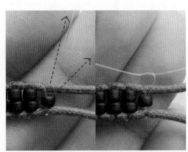

17 将渔线朝图中箭头所指的方向穿入皮绳，并系紧 2~3 次。

18 剪去多余的渔线。

处理编绳

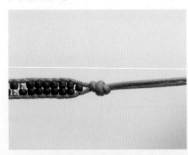

19 将 2 根皮绳在米珠附近系一个结。

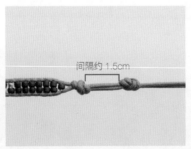

间隔约 1.5cm

20 在距离步骤 *19* 的结 1.5cm 左右，再次系一个结。

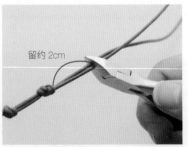

留约 2cm

21 将皮绳留出约 2cm，并用钳子剪去剩余部分。

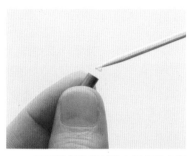

22 用牙签将黏着剂涂在尾帽的内壁
（参照 P14）。

23 将步骤 22 的尾帽装固在皮绳的前端。按照同样的方法处理皮绳的另一端。

POINT

编织完成或在编织过程中渔线不够用时的处理方法

① 将渔线系在皮绳上。
② 将渔线穿入最后编织的一个捷克珠。
③ 剪去多余的渔线。

若需要增加一根渔线，可准备一根新的渔线，按照步骤 4，将渔线对折形成一个圈，并穿进 1 根皮绳。接着再穿入捷克珠，继续编织捷克珠。

16

既可用木珠装饰，还可用金属米珠点缀，以增添耳环的俏皮感。

黑金圈圈耳环

可使用相同的配饰 ⟶ 详见 P186

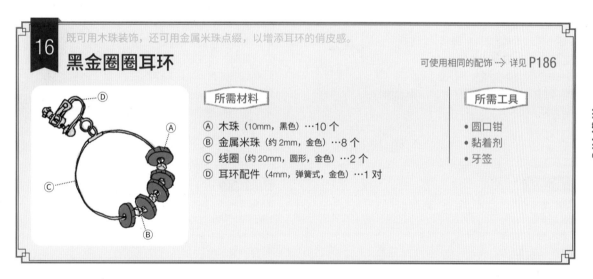

marine

所需材料

Ⓐ 木珠（10mm，黑色）…10 个
Ⓑ 金属米珠（约 2mm，金色）…8 个
Ⓒ 线圈（约 20mm，圆形，金色）…2 个
Ⓓ 耳环配件（4mm，弹簧式，金色）…1 对

所需工具

- 圆口钳
- 黏着剂
- 牙签

制作方法

穿入配饰

金属米珠

1 将木珠、金属米珠交错穿入线圈。

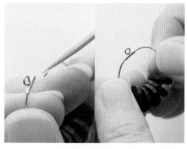

2 将黏着剂薄薄地涂在线圈的前端，并固定线圈。

安装金属配件

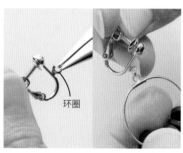

环圈

3 打开耳环配件的环圈，并连接步骤 2 的配饰。按照同样的方法制作另一只耳环。

设计师简介

下面介绍本书所载作品的设计师。

北村紫

Violett 的设计师。其以"小小的饰品也可为穿搭印象加分,不张扬的设计却处处彰显小心思"为主旨,制作充满独特气质的饰品。

作品序号

简约轻便风…05、06、09、10、19、20、21、22、23、24
时髦浪漫风…11、12、15、16
优雅华丽风…07、08、13、14
民族风…09、10、13、14
海洋风…07、08、15、16

丽达千奈美

UNDA 的设计师。其以"大海般的自由"为主题,制作一系列展示个性的饰品。其作品受到很多人的喜爱。除此之外,其还负责制作albus饰品课程。

作品序号

简约轻便风…01、02
时髦浪漫风…13、14
民族风…03、04
海洋风…05、06

惠美梦

Emimyu 的设计师。其原本从事模特行业,现活跃于时尚界,作品以简约却不失个性为主要风格。

作品序号

简约轻便风…03、04、07、08、13、14
时髦浪漫风…09、10
优雅华丽风…01、02、03、04

SHAYE

SHAYE 的设计师。其以"休闲与魅力并存"为理念,精心制作波希米亚风、摇滚风、流行风等风格的饰品,旨在打造既丰富又独特的作品合集。

作品序号

简约轻便风…11、12、17、18
民族风…05、06、07、08、11、12
海洋风…01、02、13、14

真希

Len Vlastni 的米珠设计师。其十分注重素材与色系的搭配细节。

作品序号

时髦浪漫风…01、02、03、04
优雅华丽风…05、06
民族风…01、02

权藤真纪子

Boite de maco 的设计师。在法语中Boite意为"盒子"，其力求设计既可送人也可自留的精美饰品。

作品序号

时髦浪漫风…05、06、20、21、22、23
优雅华丽风…11、12
海洋风…03、04

田坪彩

Aya Tatsubo 的设计师。其以"独一无二的形制与色彩"为主题，将珍珠、复古米珠和纽扣以独特的方式进行搭配，呈现出独特的作品。

作品序号

时髦浪漫风…17、18、19
海洋风…09、10、11、12

小野步

Youuumu Couture 的设计师。其以"日常也能佩戴的珠宝"为主旨，主张在金属线和链条上随性装饰。

作品序号

简约轻便风…15、16
时髦浪漫风…07、08、24、25
优雅华丽风…09、10

真凛吴

ColorRife 的设计师。其偏好使用优质的亮色布类和绸带制作饰品，呈现出华丽优雅之感。除了饰品的外观，其还十分注重佩戴的舒适度和质感。

作品序号

优雅华丽风…15、16

花椰菜

Karifurawaa 的设计师，同时也是一名甲花设计师。设计风格受到大多数首饰爱好者的喜爱。

作品序号

时髦浪漫风…26、27、28、29
优雅华丽风…17、18、19

图书在版编目（CIP）数据

饰品手工制作事典：精致套装饰品153例 / 日本叮
当创意编著；刘丹，李小倩译. — 北京：人民邮电出
版社，2022.11
ISBN 978-7-115-59969-8

Ⅰ. ①饰… Ⅱ. ①日… ②刘… ③李… Ⅲ. ①手工艺
品—制作 Ⅳ. ①TS973.5

中国版本图书馆CIP数据核字(2022)第163645号

版权声明

拍摄	【照相凹版】下村信夫 【裁剪、制作过程】八田政玄
排版	串尾广枝
发型设计	AKI
模特	芽生
设计	横地绫子（文字部分）
插图	上阪树里子
编辑合作	西岛惠 辻井悠里加（KWC）
拍摄合作	☆REN惠比寿店
	P90 包包
	☆evaloren
	☆FLAMINGO 原宿店
	☆UTUWA

内容提要

这本书介绍了许多成套的漂亮可爱饰品的制作方法。本书中的作品多达153例，成套的项链、耳饰、发饰、胸针、挂饰、手链应有尽有，不论是正想开始接触的读者，或是已经熟悉饰品手作工艺的读者，这本书都是一本手作人应备的实用书籍，只要跟着书中步骤循序渐进地操作，就一定能够制作出一套专属个人风格的美丽饰品！

◆ 编　著　[日] 叮当创意
　　译　　刘 丹 李小倩
　　责任编辑　王　铁
　　责任印制　周昇亮
◆ 人民邮电出版社出版发行　　北京市丰台区成寿寺路 11 号
　　邮编 100164　电子邮件 315@ptpress.com.cn
　　网址　https://www.ptpress.com.cn
　　雅迪云印（天津）科技有限公司印刷
◆ 开本：787×1092　1/16
　　印张：12　　　　2022 年 11 月第 1 版
　　字数：307 千字　2022 年 11 月天津第 1 次印刷
　　著作权合同登记号　图字：01-2020-7355 号

定价：109.00 元
读者服务热线：(010)81055296　印装质量热线：(010)81055316
反盗版热线：(010)81055315
广告经营许可证：京东市监广登字 20170147 号